AF452731

LES ENGRAIS CHIMIQUES

DANS

LE SUD-OUEST

LES
ENGRAIS CHIMIQUES

DANS

LE SUD-OUEST

PAR

THÉOPHILE PETIT

Ancien élève de l'École centrale,
Représentant de la maison Joulie et Cie, de Paris

———⇒—★—⇐———

PREMIÈRE ANNÉE

Résultats de la campagne de 1869.

———⇒—★—⇐———

BUREAU DE VENTE ET DE RENSEIGNEMENTS

A GRENADE (HAUTE-GARONNE,

Propriété de M. Th. PETIT

———

Vente au détail et dépôts d'échantillons chez les principaux
droguistes de Toulouse et du département.

—

1869

AVANT-PROPOS.

La cause des *engrais chimiques* est aujourd'hui gagnée. Pour s'en convaincre, il n'est besoin que de prendre connaissance du rapport de M. Georges Ville, sur les résultats obtenus en 1868 par la grande culture, publié dans les numéros des 8 avril, 20 mai et 7 octobre 1869, du *Journal d'Agriculture pratique.*

« La supériorité des engrais chimiques, sous le rapport
« du rendement, dit le savant professeur, se fonde non
« sur une, deux, trois ou dix expériences, mais sur
« CINQ CENTS EXPÉRIENCES dues à l'initiative de cultiva-
« teurs qui ont opéré le plus ordinairement les uns à
« l'insu des autres, dans les conditions de climat les
« plus variées. »

Les circulaires des ministres de l'agriculture et de l'instruction publique, prescrivant dans tous les établissements de leur ressort (écoles régionales, fermes-écoles, sociétés d'agriculture, comices, écoles primaires, etc.) l'organisation de *champs d'expériences,* conformément aux principes de M. Georges Ville, sont la preuve officielle du triomphe de la nouvelle méthode.

De leur côté, les fabricants d'engrais ont parfaitement compris que l'avenir de leur industrie est désormais inséparable de celui des engrais chimiques, et toutes leurs réclames prennent pour base le système de M. Georges Ville.

Ainsi, l'industrie et le commerce, l'administration supérieure et surtout le concours aujourd'hui assuré de l'initiative privée, toutes ces puissances se sont inclinées devant la vérité, et l'ont mise hors des atteintes du paradoxe et de la routine.

En présence de résultats si concluants qui se sont manifestés d'une manière aussi éclatante depuis le mois d'octobre de l'année dernière, date de mon entrée en connaissance avec le système de M. Georges Ville, je ne trouve pas surprenant de m'être placé, en moins d'une année, sans hésitation, dans les rangs les plus avancés des partisans de cet admirable système. C'est que ma conviction ne résultait pas seulement de ce grand mouvement sympathique qui s'opérait en faveur du grand réformateur, elle avait sa cause intime et réelle dans ma propre expérimentation. Toutes les séries d'expériences établies sur mon domaine ont amené par leurs résultats les conclusions le plus rigoureusement conformes aux principes posés par la science.

C'est à la suite de cette vérification que, dans le courant du mois d'août dernier, je me suis rendu à Paris où m'attendait M. Joulie, le savant chimiste qui, pendant sept ans, c'est-à-dire pendant la période de lutte, a été le préparateur et le collaborateur de M. Georges Ville.

C'est avec lui que j'ai visité le laboratoire du Muséum, un des plus complets d'Europe, et le champ d'expériences aujourd'hui célèbre de Vincennes, où se rendent plus de mille agriculteurs, venus de tous les points de la France pour recueillir l'enseignement du maître.

Notre entrevue, déjà solidement préparée par une active correspondance, nous a amenés naturellement à donner à nos relations un caractère pratique qui, sous la direction de l'ancien collaborateur de M. Georges Ville, ne peut conduire, sous tous les rapports, qu'à de bons résultats.

M. Joulie, malgré des occupations d'un autre genre (1), a eu l'heureuse idée de créer à Paris (2), un vaste établissement pour la préparation des engrais chimiques, conformément à la méthode de M. Georges Ville, dont mieux que personne il connaît les moindres détails et les moyens de réaliser industriellement ses propres recherches du Muséum.

Sans doute, les procédés de M. Georges Ville, comme tout ce qui est grand, sont du domaine public ; mais nous pensons que les états de service du directeur de la maison Joulie et C⁗ constituent aux yeux du public, au double point de vue de la science et de la moralité, qui doivent présider à une entreprise de ce genre, des titres de garantie tout à fait exceptionnels.

C'est ce qui me fait considérer comme très honoré du

(1) Pharmacien en chef de la Maison municipale de santé.

(2) Paris-la-Villette, 10 *bis*, quai de la Marne.

titre de représentant que M. Joulie a bien voulu m'attribuer dans une section du Sud-Ouest, dont Toulouse est le centre.

La ligne de conduite est simple. « J'ai assez d'expé« rience de cette question, me dit M. Joulie dans une « de ses dernières lettres, pour pouvoir vous dire que « vous réussirez d'autant mieux à faire acheter nos « engrais que vous ferez moins d'efforts pour les offrir. « Le grand point est de faire commencer quelques « personnes intelligentes sur divers points, le reste « vient ensuite tout seul Le principal rôle du fabricant « ou de ses représentants est de recueillir les résultats « obtenus, de les discuter et de les faire connaître ; de « fournir des renseignements circonstanciés à tous ceux « qui lui en demandent, et d'attendre tranquillement « que les demandes lui arrivent. C'est ainsi que le suc« cès s'obtient dans les débuts. Poussons aux essais et « non à la consommation. Les essais réussissant, la con« sommation vient forcément. »

J'insiste sur le rôle des représentants si nettement défini : recueillir les résultats obtenus, les discuter et les faire connaître. C'est ce qui m'a déterminé à publier, tous les ans, un opuscule où seront exactement consignés et discutés les résultats obtenus sur mon domaine de Labeaute, tant des expériences proprement dites que de leur application à la grande culture. Quant aux renseignements à fournir, le contrôle permanent des intéressés auquel je les soumets sur ma propriété, leur impose un caractère d'impartialité qui les met à l'abri de toute fausse interprétation.

De son côté, la maison Joulie et C⁵ n'a à continuer aucune industrie antérieure se rattachant à une fabrication d'engrais basée sur l'utilisation de matières autres que des produits chimiques. *Les seuls engrais chimiques,* voilà ce qu'elle offre à sa clientèle. Elle ne fabrique pas de ces produits mixtes à composition variable, affranchie de tout contrôle scientifique, dont la véritable valeur échappe aux analyses les plus minutieuses, dont le rôle dans l'assimilation des plantes en se décomposant est encore plein d'incertitudes, et auxquels par conséquent, sans nier leurs bons effets quand ils émanent d'une fabrication consciencieuse, il est impossible d'appliquer les lois de la science actuelle. La maison Joulie et C⁵ se renferme de la manière la plus absolue dans les principes de M. Georges Ville, résumés en peu de lignes à la page 118 de l'ouvrage sur les *Engrais chimiques :* « Il « n'est donc pas exact de dire qu'avec du fumier, et rien « qu'avec du fumier, on suffit à tout. Ce qui est vrai, « c'est que, pour obtenir sans délai de grands rende- « ments, il n'y a qu'un moyen, c'est de recourir à une « importation d'engrais artificiels, *et d'engrais chimiques* « *de préférence à tous autres, parce que ce sont les seuls* « *dont la nature soit toujours rigoureusement définie et* « *identique à elle-même, les seuls par conséquent sur les-* « *quels la fraude ne puisse s'exercer et jusqu'à présent, à* « *mon avis, les plus économiques.*

« Essayez de ramener à leur prix réel les produits

« à qualifications retentissantes, préconisés par certains
« marchands d'engrais, et vous les trouverez grevés
« d'un profit que l'usure la plus scandaleuse n'a jamais
« atteint. »

Quant à la fabrication et à la manipulation des engrais
chimiques, quoique d'une grande simplicité au point de
vue théorique, elles présentent, au point de vue
industriel et pratique, des particularités capables de
mener à de graves mécomptes les établissements qui,
trop confiants dans les procédés de métier, ne seraient
pas dirigés par des hommes spéciaux et d'un savoir
incontestable. Les phosphates principalement offrent
une série de combinaisons qui exigent les méthodes les
plus délicates d'analyse pour être reconnues et livrées
à l'état qui leur convient.

Cette dernière considération, qui donne à la marque
de la maison Joulie et Ce une valeur de premier ordre,
résulte de la lecture de la troisième édition du *Petit guide
pour l'emploi des engrais chimiques*, publié par M. Joulie.
L'auteur m'écrit à ce sujet, à la date du 4 octobre dernier : « Je vous remercie de vos bienveillantes appré-
« ciations à l'égard de mon *Petit guide*. Elles m'ont fait
« un sensible plaisir, parce que vous avez exprimé exac-
« tement la pensée que je désirais, qu'il fit naître et
« qui a présidé à sa rédaction, savoir : fournir aux
« agriculteurs tous les renseignements qui peuvent
« être utiles à l'application judicieuse et intelligente des
« engrais chimiques, éclairer le commerce de ces pro-
« duits de notions précises et honnêtes, et, en même

« temps, sauvegarder les intérèts de l'affaire que je
« dirige *en lui conservant la propriété de tous les procédés*
« *de fabrication que nous avons créés et qui doivent cons-*
« *tituer notre privilége.* »

Je crois utile de terminer cette introduction par
l'indication des ouvrages qui doivent être étudiés pour
acquérir la connaissance de la théorie et de l'application
du système de M. Georges Ville.

Tout agriculteur qui désire être initié au système des
engrais chimiques, doit commencer par la lecture de
l'ouvrage de M. Georges Ville ayant pour titre : *Les
Engrais chimiques, entretiens agricoles donnés au champ
d'expériences de Vincennes, dans la saison de 1867*, par
M. Georges Ville, 2me édition.

Un opuscule non moins indispensable est le *Petit
guide* de M. Joulie pour l'emploi des engrais chimiques,
d'après le système de M. G. Ville, contenant tous les
renseignements indispensables pour l'application des
nouvelles méthodes de culture et d'analyse du sol.
3me édition.

Ouvrages de M. G. Ville :

Recherches expérimentales sur la végétation; in-8°.

La production végétale, conférences de Vincennes
recueillies et publiées par M. Joulie ; in-8°.

La production agricole définie par la science, conférence faite à Lyon en 1863 ; in-8°.

La crise agricole devant la science, conférence faite à
la Sorbonne, le 17 mars 1866 ; in-8°.

La maladie des pommes de terre ; in-8°.

La betterave et la législation des sucres, conférence faite à Arras, le 30 mai 1868 ; in-8° avec planche.

L'Ecole des engrais chimiques, premières notions de l'emploi des agents de fertilité, guide pratique pour l'établissement des champs d'expériences ; in-12. 1 fr.

Les entretiens de 1868, 2ᵐᵉ volume des *Engrais chimiques* ; ils comprennent la monographie des plantes à sucre (*betterave, canne à sucre, maïs, sorgho, topinambour, navet*), des plantes à fécule (*pommes de terre*), des plantes oléagineuses (*colza, chou*) et des plantes textiles à graines oléagineuses (*lin, chanvre*).

Tous ces ouvrages sont édités, à Paris, par la Librairie agricole de la Maison rustique, 26, rue Jacob.

Ouvrages de M. Joulie :

Petit guide pour l'emploi des engrais chimiques.

La production végétale, conférences de Vincennes recueillies et publiées par M. Joulie.

Lettre à M. l'abbé Moigno à propos du rapport de M. Ducom à l'Ecole supérieure de pharmacie sur le prix des thèses pour 1864, par M. H. Joulie, lauréat.

Etudes et expériences sur le sorgho à sucre.

Les publications périodiques qui contiennent des écrits émanant de ces deux auteurs sont : le *Journal d'Agriculture pratique* pour M. G. Ville, et le *Bulletin des travaux de la Société départementale d'agriculture de la Drôme,* pour M. Joulie. M. G. Ville fait aussi paraître en brochure, qu'il envoie *franco* à tous les agriculteurs qui se livrent à l'étude du son système et se mettent en correspondance avec lui, le rapport des résultats annuels qu'il publie d'abord dans le *Journal d'Agriculture pratique*.

Enfin, les personnes plus particulièrement intéressées à ce qui concerne le Sud-Ouest, trouveront dans la *Revue agricole du Midi*, publiée à Toulouse (1), sous l'habile et savante direction de M. le Dr Gourdon, les résultats de mes expériences et de leur application, résultats que je me propose de réunir à la fin de chaque campagne, de manière à former un opuscule à la libre disposition de nos nombreux clients.

Grenade (Haute-Garonne), domaine de Labeaute, 25 octobre 1869.

(1) Bureaux : rue de la Pomme, 5. — Abonnements : Un an, 4 fr. — Six mois, 2 fr. — Trois mois, 1 fr. — Prix du numéro : 20 c.

PREMIÈRE PARTIE

RÉSULTATS DE LA CAMPAGNE DE 1869

AU MOYEN DES ENGRAIS CHIMIQUES

I

Exposé du système de M. Georges Ville.

L'agriculteur n'a à se préoccuper, pour élever et entretenir la fertilité du sol, que de *quatre éléments*, qui sont :

L'*azote*,

L'*acide phosphorique*,

La *potasse* et la *chaux*.

Si la pratique peut se passer de tous les autres, c'est uniquement parce que les plus mauvaises terres en sont surabondamment pourvues.

D'où le *théorème* de M. Georges Ville, composé des deux lois suivantes :

1° Rendre à la terre plus de phosphate, plus de potasse et de chaux que les récoltes ne lui en font perdre; 2° lui rendre *environ* 50 pour 100 de l'azote que ces récoltes contiennent. Il est dit *environ*, parce que cette proportion n'a rien d'absolu, attendu qu'il y a des plantes qui en demandent moins, et d'autres même qui peuvent s'en passer complétement, et cela parce qu'une partie de l'azote des végétaux *vient de l'air*, et qu'il en est même qui le puisent plus particulièrement à cette source. La quantité de ce principe qu'il faut rendre au sol varie, suivant les plantes, de 0 à 50 pour 100. S'agit-il des légumineuses, c'est 0 : passe-t-on au froment, c'est 50 pour 100. — A l'égard du *phosphate* de chaux, de la *potasse* et de la *chaux*, il faut que la restitution excède ce que la terre a perdu, parce que c'est exclusivement dans le sol que les végétaux les puisent, et qu'on doit non seulement compenser les pertes que chaque récolte détermine, mais encore parer à celles qui résultent de l'action dissolvante des eaux fluviales.

Le mélange des matières contenant ces trois minéraux avec la matière azotée, constitue ce que M. Georges Ville appelle l'*engrais complet*.

1er COROLLAIRE. — *Théorie des* DOMINANTES. — S'il est vrai qu'un mélange de phosphate de chaux, de potasse, de chaux et d'une matière azotée suffise à tous les besoins des plantes, il est vrai aussi que chacun de ces quatre termes remplit à l'égard des trois autres une fonction tour à tour subordonnée ou prédominante, suivant, la nature des végétaux que l'on cultive. Il y a pour chaque nature de plantes un élément dont l'influence l'emporte sur les trois autres, et que, pour ce motif, on appelle la *dominante* de cette plante. Il en résulte qu'avec les engrais chimiques on peut donner à chaque plante l'élément qui a le plus d'influence sur la récolte, ce qui a le double avantage de réduire la dépense, tout en portant le rendement à la limite la plus élevée.

2e COROLLAIRE. — *Nouveau procédé d'analyse du sol à la portée de tous. Champs d'expériences.* — Puisque l'agriculteur n'a à se préoccuper que des quatre éléments de nutrition déterminés, c'est sur eux seulement que l'analyse doit porter, et elle devient d'une facilité extrême par l'établissement de *champs d'expériences.*

Supposez qu'on institue sept cultures de la même plante, blé par exemple, sur des parcelles de 1 are chacune. A la première, on donne l'engrais complet : à la seconde, le même engrais, d'où la matière azotée a été exclue : à la troisième, l'engrais complet, privé de phosphate de chaux : à la quatrième, l'engrais complet, moins la potasse : à la cinquième, moins la chaux ; à la sixième, moins tous les minéraux, c'est-à-dire l'engrais réduit à la matière azotée : la septième n'ayant reçu aucun engrais.

Il est bien évident que si, dans l'engrais complet, l'effet propre à chaque terme ne se manifeste que d'autant qu'il est associé aux trois autres, la comparaison des rendements obtenus sur les sept parcelles du petit champ doit indiquer ce que le sol contient et ce qui lui manque. Dans ce système d'investigation, la culture avec l'engrais complet devient en quelque sorte le terme invariable de comparaison auquel on doit rapporter les rendements des autres parcelles, et suivant qu'ils s'en rapprochent ou s'en éloignent, en conclut que la terre contient ou ne contient pas l'élément qui a été volontairement exclu de l'engrais.

Réponses à quelques questions d'application de ces principes :

1° *Peut-on savoir à quelle* DOMINANTE *appartiennent les diverses plantes agricoles?* On le peut, et voici le tableau des *dominantes,* aujourd'hui connues (1) :

(1) La chaux ne revenant qu'à un prix insignifiant, il est toujours bon d'en donner, sans se préoccuper de sa présence ou de son absence dans le sol.

NATURE DES RÉCOLTES.	DOMINANTES.	PRODUITS CHIMIQUES CORRESPONDANTS.
Froment. . . . . Colza . . . . Orge. . . . . Avoine . . . . . . Seigle. . . . . Prairies naturelles. . Betteraves	Azote	Sulfate d'ammoniaque Nitrate de soude. Nitrate de potasse.
Pois . . . . Haricots. . . . . . . Féveroles. . . . . Trefle. . . . . Sainfoin . . . . Vesce . . . . . Luzerne. . . . . Lin. . . . . Pommes de terre. .	Potasse.	Nitrate de potasse. Carbonate de potasse Silicate de potasse.
Sarrasin . . . . . . Turneps. . . . . Rutabagas. . . . . . . Maïs. . . . . Canne à sucre . . . Sorgho. . . . . . . Navets . . . . Topinambours	Acide phosphorique..	Noir de raffinerie. . Cendres d'os.. . . . Superphosphates.

2o Peut-on savoir quelle est la quantité des quatre éléments de l'engrais complet enlevée annuellement par chaque plante cultivée ? On le peut aussi, et voici le tableau où se trouve indiquée, par rapport aux termes de l'engrais complet, les seuls dont l'agriculteur doive se préoccuper, la composition des plantes qui entrent dans les principaux assolements. Tout agriculteur judicieux doit se rendre compte, à l'aide de ce tableau, de ce que la terre reçoit et de ce qu'elle perd : il doit et peut chaque année *faire la balance* de sa culture et *régler la dose de ses engrais,* de façon à satisfaire aux deux lois du théorème énoncé.

COMPOSITION DANS 1,000 PARTIES.

RÉCOLTE DEMI-SÈCHE.		EAU.	AZOTE.	ACIDE phosphorique.	POTASSE.	CHAUX.
Froment de mars	graines.	147,30	23,62	8,93	6,09	0,37
	balles	148,00	9 07	2,30	4,19	5,40
	paille	150,00	5,43	1,80	4,43	3,40
Froment d'hiver	graines	154,00	28,29	6,80	5,02	0,51
	balles	105,60	10,12	1,89	1,42	1,95
	paille	103,60	8,19	1,18	3,16	2,10
Orge	graines.	154,23	20,59	9,49	7,27	6,77
	balles	130,83	10,06	2,70	9,96	9,60
	paille	132,50	7,17	1,48	11,56	6,60
Pois	graines	191,00	42,58	12,55	12,26	0,90
	gousses	166,50	13,62	5,56	13,79	2,17
	paille	135,50	15,39	4,05	8,24	28 06
Haricots	graines	170,01	33,90	12,55	12,26	0,90
	gousses	185,04	14,80	5,56	13,79	2,17
	paille	203,20	26,60	4,05	8,24	28,06
Colza	graines	81,50	41,39	12,86	7,13	3,25
	siliques	149,50	11,04	2,08	31,91	31,15
	paille	136,25	10,40	1,54	3,21	9,55
Choux	feuilles	146,0	»	7,52	17,10	54,10
	racines	162,00	»	10,60	34,90	12,60
Luzerne		123,09	32,33	7,40	31,28	25,04

COMPOSITION DANS 10.000 PARTIES.

		EAU.	AZOTE.	ACIDE phosphorique.	POTASSE.	CHAUX.
Betteraves	feuilles	9265,40	35,17	6,68	16,04	7,45
	plante entière	8625,00	39,03	11,49	45,84	4,14
Pommes de terre	tubercules	7873,40	45,20	9,20	33,50	1,90
	fanes	»	»	»	»	»

COMPOSITION DE 1,000 PARTIES DE FUMIER HUMIDE.

	EAU.	AZOTE.	ACIDE phosphorique.	POTASSE.	CHAUX.
Fumier de Vincennes.	800,00	4,16	1,76	4,92	10,46
— de Bechelbroun	790 00	4,00	2,00	2,60	5,62
— de Bouxwiller.	790,00	5 38	2,65	8,12	7,76
1,000 litres de purin…	974,00	1,13	0,10	6,00	0,04

COMPOSITION DE 1,000 PARTIES DE FUMIER SEC.

	EAU.	AZOTE.	ACIDE phosphorique.	POTASSE.	CHAUX.
Fumier de Vincennes	»	20,80	8,80	24,60	52,30
— de Bechelbroun	»	20 00	10,00	26,00	28,10
— de Bouxwiller.	»	25,67	12,65	38,75	57,06
1,000 de résidu de purin	»	43,45	3,94	230,97	1,88

On n'a plus qu'à peser le produit de 1 are dans chaque pièce, en un point moyen de la récolte, et se baser sur ce tableau et sur celui des dominantes pour composer l'engrais des récoltes qui doivent succéder à celles qu'on enlève. Le champ d'expériences nous apprendra que dans nos bonnes terres on peut recourir temporairement à des engrais incomplets et procéder par fumure alternante, en se bornant aux seules *dominantes*, ce qui permet d'obtenir le maximum de produit avec la plus faible dépense.

Ainsi se trouve portée à la hauteur d'une loi scientifique cette grande question de la nutrition agricole, qui jusqu'ici n'avait pu se dégager des controverses vagues et pédantesques des *praticiens*. Il n'y a donc que des paroles vides de sens, et qui ne peuvent êtres adressées qu'à des personnes qui n'ont pas étudié ou compris l'œuvre de M. Georges Ville, dans ces affirmations marquées au coin de l'ignorance ou de la mauvaise foi, sur les conséquences de la nouvelle théorie scientifique. A quelles assertions les plus risquées n'est pas tous les jours en butte cet illustre travailleur ! Pour les uns, c'est à Liebig, pour les autres, à M. Boussingault que M. Georges Ville a tout pris. Certains prétendent qu'il faut 400 *fr. par hectare* pour suivre le système des engrais chimiques : ici, on vous dit que le fumier ordinaire doit être supprimé ; là, que les influences climatériques de notre Sud-Ouest sont un obstacle radical à l'emploi de ces engrais ; un marchand d'engrais vous assure que le système de M. Georges Ville *éreinte* les terres, mais il vous propose l'objet de sa fabrication.

Quant aux preuves, on n'en donne aucune : il faudrait discuter *scientifiquement ;* la plupart s'en gardent, et pour cause. Mais n'est-il pas triste que ceux qui n'ont pas l'ignorance pour excuse se fassent si légèrement les instruments d'une critique si peu sérieuse, et que ce soit de leur côté que cette parole de Voltaire trouve son application : « Notre « misérable espèce est tellement faite, que ceux qui mar- « chent dans le chemin battu jettent toujours des pierres à « ceux qui enseignent un chemin nouveau? »

Une des grandes conséquences de la théorie nouvelle, c'est la facilité d'apprécier exactement la valeur d'un engrais quelconque, animal, végétal, minéral, mixte, et d'un fumier d'origine quelconque. Toute la question se réduit à comparer les prix de 1 *kilogramme assimilable* de chacun des éléments de l'*engrais complet* contenu dans un engrais donné, aux prix de 1 kilog. de ces mêmes éléments dans les produits chimiques à employer.

Les matières premières employées par la maison Joulie et C⁶ pour la composition des engrais sont :

Le nitrate de potasse,

Le sulfate d'ammoniaque,

Le superphosphate de chaux,

Le sulfate de chaux (plâtre cuit).

1° POTASSE.

Nitrate de potasse au salpêtre brut.

Composition :

Potasse		46,59
Acide azotique (Oxygène		39,57
Azote		13,84
		100,00

Prix de 100 kilogr. de ce produit pris à Paris... 67 fr. 50 c.

Prix de 1 kilogr. de potasse.................. 0 70

Le salpêtre brut livre sa potasse à meilleur marché que tout autre produit, en tenant compte de la valeur de l'azote qu'il contient.

2° AZOTE.

Azote ammoniacal.

Sulfate d'ammoniaque.

Composition :

Acide sulfurique monohy-{	Acide sulfurique.	60,60
draté (SO³ HO)	Eau	13,65
Ammoniaque {	Hydrogène.	4,54
	Azote.	21,21
		100,00

Prix de 100 kilogr. de ce produit pris à Paris...   46 fr. 00 c.

Prix de 1 kilogr. d'azote ammoniacal.   2   30

Azote nitrique.

Nitrate de soude.

Composition :

Soude		36,47
Acide azotique {	Oxygène.	47,06
	Azote	16,47
		100,00

Prix de 100 kilogr. de ce produit prir à Paris. .   46 fr.

Prix de 1 kilogr. d'azote nitrique.   3

3° ACIDE PHOSPHORIQUE.

Superphosphate de chaux.

Composition :

	Minimum.	Maximum.	Moyenne de tou- tes les analyses.
Acide phosphorique soluble...	11,00	15,20	11,87
Acide phosphorique insoluble..	»	3,65	1,71
Sulfate de chaux.	»	»	60,00

Prix de 100 kilogr. de ce produit pris à Paris...   16 fr. 00 c.

Prix de 1 kilogr. d'acide phosphorique soluble..   1   25

—   —   insoluble.   0   50

4° CHAUX EMPLOYÉE COMME ENGRAIS.

Sulfate de chaux (plâtre cuit).

Composition :

Chaux.	41,17
Acide sulfurique	58,83
	100,00

Prix de 100 kilogr. de ce produit pris à Paris...	1 fr. 75 c.
Prix de 1 kilogr. de chaux.	0 02

Quelque soit l'engrais présenté et ses résultats, c'est avec les chiffres scientifiques de la *balance* des cultures, le tableau des *dominantes* et le *cours* des éléments assimilables de l'engrais complet, qu'il faut l'étudier pour avoir sa vraie valeur.

Telle est la substance de la méthode de **M.** Georges Ville que suivent actuellement plus de trois mille agriculteurs des deux hémisphères et pour l'étude de laquelle sont organisés plus de vingt mille champs d'expériences sur toute l'étendue de notre territoire par les soins de l'initiative privée et de l'administration supérieure.

II

Tarifs actuels de la maison Joulie & Cie

ENGRAIS CHIMIQUES

POUR L'APPLICATION DU SYSTÈME DE M. G. VILLE

Directeur : M. JOULIE, chimiste, ancien préparateur et collaborateur de M. Georges VILLE.

Représentant : M. Th. PETIT, ancien élève de l'École centrale.

PRIX-COURANT

ENGRAIS PRÉPARÉS	PRIX par 100 kil.	
Engrais complet N° 1. pour Blé, Seigle, Orge, Avoine Sarrasin, Chanvre, Colza et Prairies naturelles	27f	»
— N° 2, pour Betteraves, Carottes, Choux et jardinage	29	»
— N° 2 *bis,* pour Betteraves	30	»
— N° 2, intensif pour Betteraves	31	50
— N° 3, pour Pommes de terre	27	»
— N° 3 *bis,* pour Pommes de terre	25	»
— N° 4, pour Vignes, Arbres et Arbustes	29	»
— N° 5, pour Maïs, Sorgho, Topinambours et Navets	20	50
— N° 6, pour Colza	28	»
— N° 7, pour Sarrasin	23	»
Engrais incomplet N° 1 (*sans potasse*), pour Blé, Colza, Avoine, Seigle et Prairies naturelles	24	»
— N° 2 (*minéral*), pour Lin, Luzernes, Légumineuses et Prairies artificielles	21	»
Engrais analyseurs du sol : 1 caisse contenant sept engrais différents dosés pour 1 are chacun, la caisse	28	»
— 1 caisse contenant trois engrais différents dosés pour 1 are chacun, la caisse	12	»

MATIÈRES PREMIÈRES POUR ENGRAIS CHIMIQUES.

Superphosphate de chaux..	16	»
Nitrate de potasse (salpètre brut), en cristaux..................	66	50
— — pulvérisé	67	50
Nitrate de soude, en cristaux...................................	45	»
— pulvérisé..............................	46	»
Sulfate d'ammoniaque..	46	»
Phosphate de chaux fossile (nodules pulvérisés)...............	6	»
Sulfate de chaux (plâtre cuit), par wagons complets...........	1	50
— — par quantités inférieures à 5000k	2	»

PRODUITS ACCESSOIRES.

Muriate de potasse (chlorure de potassium brut), les 100 kilog.	
Sulfate de potasse............................ Id.	
Potasse brute................................. Id.	
Sulfate de magnésie.......................... Id.	
Sulfate de cuivre (pour chaulage des grains).... Id.	
Acide sulfurique à 53°........................ Id.	

Engrais divers sur commandes : Matières premières aux prix indiqués.

Frais de mélange................... par 100 kilog.	1	50

Vente sur analyses aux conditions suivantes :

1° Un échantillon sera pris sur la marchandise dans nos ateliers en présence de l'Acheteur ou d'une personne déléguée par lui à cet effet au moment de l'expédition.

2° L'analyse sera faite par un Chimiste de Paris désigné d'un commun accord et auquel sera remis l'échantillon revêtu de notre cachet et de celui de l'acheteur ou de son représentant.

3° les frais d'analyse seront partagés entre nous et l'acheteur.

4° Les éléments utiles trouvés seront facturés par nous aux prix ci-après indiqués :

Azote ammoniacal...................... le kilog.	2	30
Azote nitrique....................... Id.	3	»
Potasse .... Id.	»	70
Acide phosphorique soluble........... Id.	1	25
— insoluble .... Id.	»	50
Chaux............................... Id.	»	02

5° Pour les engrais préparés nous ajouterons au prix ainsi établi : 1 fr. 50 par 100 kilog. pour frais de mélange et pulvérisation.

6° La quantité demandée ne pourra être moindre de 5000 kilog.

Sacs d'emballage contenant de 50 à 100 kilog. d'engrais.. le sac. | 1 | »

(**Ces sacs sont repris pour 0 fr. 50 s'ils sont rendus franco et en bon état.**)

Camionnages aux gares d'expédition en plus.

Pour les envois de 1 à 50 kilog..............	1	»
— de 51 à 100...................	1	50
— de 101 à 500...................	2	»
— de 501 à 1000...................	2	50
— au-dessus de 1000........ par 100 kilog.	»	25

Voici les prix de transport des engrais chimiques *de Paris à Toulouse*, par Brives, qui est la voie la plus économique :

29 fr. 25 des 1000 kilog., par chargement d'au moins 5000 kilog.

32 fr. 75 des 1000 kilog., pour les expéditions inférieures à ce poids de 5000 kilog.

Le transport par Agen est plus coûteux, parce qu'il n'y a pas de tarif réduit sur la ligne du Midi, pour les engrais chimiques. — Voici du reste les prix par 1000 kilog. : 30 fr. 95 pour les chargements d'au moins 5000 kilog.; 35 fr. 10 pour les chargements inférieurs à ce poids.

Pour les détails, voir le **Petit Guide,** *publié par* M. Joulie.

Bureau de vente et de renseignements : à Grenade (Haute-Garonne), propriété de M. Th. Petit.

III

Organisation des expériences de la campagne de 1869.

Elle se divise en trois séries :

1re *série*, champ d'expériences permanent : 2e *série*, expériences dans différentes pièces : 3e *série*, vigne, arbres, arbustes, jardinage, plantes d'agrément.

1re SÉRIE. — Champ d'expériences permanent.

30 planches de 20ᵐ sur 2ᵐ, 40ᵐ carrés.
- 10. Dominante : *Azote*. Type : Blé.
- 10. Dominante : *Potasse*. Type : Vesces.
- 10. Dominante : *Acide phosphorique*. Type : Maïs.

	Dominante : Acide phosphorique. Type : Maïs	Dominante . Potasse. Type : Vesces.	Dominante : Azote. Type : Blé.
	Dose par hect.	Dose par hect.	Dose par hect.
Nº 1. Fumier.	40,000	40,000	40,000
Nº 2. Fumier.	20,000	20,000	20,000
Nº 3. Complet intensif . .	1,600	1,500	1,500
Nº 4. Complet ordinaire.	1,300	1,150	1,200
Nº 5. Sans azote.	950	1,150	825
Nº 6. Sans phosphate . . .	650	800	750
Nº 7. Sans potasse.	1,000	950	1,000
Nº 8. Sans minéraux. . . .	600	600	325
Nº 9. Sans chaux.	800	900	925
Nº 10. Sans fumier ni engrais.			

Nota. Le blé a été semé le 19 novembre ; les vesces ont été semées le 10 février : le maïs a été semé dans la première quinzaine d'avril, comme à l'ordinaire. — Sauf indication contraire, toutes les parcelles sont de 1 are. — Avant leur épandage les engrais sont mélangés à deux ou trois fois leur volume de terre.

La chaux ne revenant qu'à un prix insignifiant, il est toujours bon d'en donner, sans se préoccuper de sa présence ou de son absence dans le sol. C'est pour ce motif qu'on ne fait pas un champ d'expériences spécial pour cet élément. Néanmoins, j'ai cru prudent d'en tenir compte dans les trois champs relatifs aux trois dominantes à étudier.

1º CÉRÉALES.

Blé.

1º En semant le blé en novembre :

		par hect.
Pièce dite *Marnière*	{ Complet nº 1	1,200ᵏ
	{ Incomplet nº 1	1,000ᵏ
Sainfoin défriché, blé sur millet.	{ Complet nº 1	1.200ᵏ
	{ Incomplet nº 1	1,000ᵏ
Pièce du *Bois*, coteau. Complet nº 1		1,200ᵏ
Pièc dite *Roumagnac*	{ Complet nº 1	1,200ᵏ
	{ Incomplet nº 1	1,000ᵏ
Pièce dite *Péchiou*, bords de Save. Complet nº 1		1,200ᵏ

2º Le 10 février, en couverture :

Marnière. { Complet nº 1		1,200ᵏ
{ Incomplet nº 1		1,000ᵏ
{ 4 *ares*, sulfate d'ammoniaque ou engrais sans minéraux		200ᵏ
Roumagnac, 25 *ares*. Sulfate d'ammoniaque		200ᵏ
Sainfoin défriché, 3 *ares*. Sulfate d'ammoniaque		200ᵏ
Péchiou. Engr. de commande, 4 ares { Sulfate d'ammoniaque.		200ᵏ
{ Plâtre		100ᵏ
{ Phosphate de chaux		100ᵏ
		400ᵏ

Marnière. Engrais de commande, 4 *ares*	400ᵏ
Bois. Engrais de commande, 1 *hect.* 72 *ares*	400ᵏ

Avoine.

Pièce dite *Matalène*	) Complet nº 1	600ᵏ
En couverture en novembre.	(Incomplet nº 1	500ᵏ

Bords de la route, 12 *ares*. En couverture, en février. Incomplet nº 1 .... 500ᵏ

On a expérimenté sur tous les terrains de nature différente.

2° LÉGUMINEUSES. — *Vesces semées en octobre.*

Pièce du *Ruisseau.* { Epandage en novembre. Incomplet n° 2. 1,234ᵏ
{ Epandage en février. Complet n° 1 .... 1,000ᵏ

3° PLANTES SARCLÉES.

1° Dans les pièces de la culture ordinaire :

Maïs.

Pièce dite } 17 *ares.* Complet n° 5, uniformément répandu. 800ᵏ
la Lune. } 40 *ares.* Complet n° 5, le long des lignes..... 200ᵏ

2° Dans 14 *ares* consacrés à la consommation du ménage (complet n° 1, 1,000ᵏ par hect.), ayant :
Ail, pois d'octobre, fèves, pommes de terre, pois d'avril, haricots (1).

4° FOURRAGES. — *Prairies naturelles.*

Rive gauche. Epandage en novembre.. { Complet n° 1 ..... 700ᵏ
{ Incomplet n° 1 ... 600ᵏ

Rive droite. } Epandage en novembre. { Complet n° 1 .... 700ᵏ
{ Incomplet n° 1 .... 600ᵏ
/ Epandage en février.... { Complet n° 1 ..... 500ᵏ
{ Incomplet n° 1 .... 500ᵏ

Grande luzerne (2).

1° Epandage en novembre :

Marnière (3).. { Complet n° 1 .. 700ᵏ { la 1/2 labourée et hersée en février.
(la 1/2 intacte.
{ Incomplet n° 2. 500ᵏ { la 1/2 labourée et hersée en février.
(la 1/2 intacte.

(1) Produits qui seront comparés à ceux des maîtres-valets, traités par la méthode ordinaire.

(2) En février, je donne sur les luzernières un labour superficiel avec la charrue ordinaire d'où on a ôté préalablement l'*ailette*; puis avec la herse Valcourt, fortement chargée et traînée par deux paires, j'exécute un hersage très énergique.

(3) En mars, plâtrage ordinaire sur quelques ares pour comparer.

Devant la Maison.. { Complet n° 2... 1,234k par hect., intact.
{ Incomplet n° 1.. 1,234k, labouré et hersé,

2° Epandage en février, après labour et hersage :

Marnière..... { Complet n° 1.. 700k { la 1/2 labourée et hersée. { la 1/2 intacte.
Complet n° 1.. 700k après labour et hersage.
Incomplet n° 2. 500k { la 1/2 labourée et hersée. { la 1/2 intacte.
Incomplet n° 2. 700k tout labouré et hersé.

Devant la Maison............. { Complet n° 1......... 1,234k
{ Incomplet n° 1....... 1,234k

3° Epandage en février, après le hersage seul :

Devant la Maison.............. { Complet n° 1......... 700k
{ Incomplet n° 2....... 700k

Farouch.

Bord de la route......... { En novembre. Incomplet n° 2. 1,234k
{ En février. Complet n° 1..... 700k

Seigle pour vert.

Bord de la route. En novembre... { Complet n° 1......... 750k
{ Incomplet n° 2.. .... 1.234k

5° Plantes industrielles. — *Lin.*

En novembre. Incomplet n° 2,.......................... 1.000k

3e SÉRIE.

1° VIGNES.

Vigne du verger. Complet n° 4 (1). { 75 souches en novembre 1868.
{ 75 souches en novembre 1869.

Vigne de la route. Complet n° 4 (2). { 75 souches en novembre 1868.
{ 75 souches en novembre 1868.

(1) et (2). Expériences sur jeunes vignes au point de vue de la belle venue des souches.

Vigne de 25 ans. Complet n° 4. 100 souches en février 1869 (1).

2° ARBRES, ARBUSTES.

6 érables de 3 ans. — Complet n° 4. 500 gr. par arbre.
20 mètres haie aubépine. — Complet n° 4. 100 gr. par mètre courant.

3° POTAGER.

Diverses planches jardinage ordinaire. 10 kil. par are.⎫ Complet n° 4.
Planche pour melons. 20 kil. par are............⎭

4° PLANTES D'AGRÉMENT.

Massif de fleurs. 10 kil. par are.................⎫
1 oranger. 800 gr......................⎪ Complet n° 4.
2 lauriers roses. 500 gr. par pied............⎬
1 laurier rose plus petit. 400 gr............⎭

Tout a été mesuré, pesé et répandu sous ma surveillance et mon contrôle personnel. Toutes les circonstances de l'expérimentation sont soigneusement enregistrées avec la rigueur d'observation que la gravité de la question rend indispensable.

(1) Au point de vue du rendement en raisins. — 150 gr. par souche.

IV

Résultats obtenus sur le farouch ou trèfle incarnat. — Conduite des blés à l'état herbacé. — Importance d'une juste interprétation des résultats. — Première et deuxième coupes du sainfoin (1).

Les premières observations (2) sont fournies par le farouch ou trèfle incarnat, ce fourrage de transition, dont la première fleur fait tressaillir de joie l'agriculteur qui en est arrivé à son dernier quintal de fourrage sec. C'est surtout au point de vue de l'*interprétation* des résultats obtenus que je désire appeler l'attention ; car, si le farouch n'occupe qu'une place fort secondaire dans l'économie générale d'un domaine, il a autant d'importance que toute autre plante dans la théorie de la nutrition végétale que nous étudions, sur les données scientifiques de notre maître, M. G. Ville.

Et d'abord, voici le tableau des résultats obtenus, dans des conditions rigoureuses d'homogénéité d'expérimentation.

(1) Cette brochure s'adressant spécialement à la région du Sud-Ouest, j'ai cru convenable de conserver la dénomination de *sainfoin* à la plante fourragère qui, dans le Nord et dans les ouvrages agricoles, est désignée sous le nom de *luzerne*.

(2) 12 mai.

RÉSULTATS DES PESÉES CONVERTIES POUR 1 HECTARE.

Engrais employé par hectare.	Produit du farouch par hectare.	Prix de 100 kil. de l'engrais	Prix de l'engrais par hectare.	Valeur du farouch récolté sur un hectare.	Excédant de la quantité de farouch sur celui qui n'a été soumis à aucun traitement.	Valeur de l'excédant du farouch	Bénéfice par hectare.	Perte par hectare
Aucun..	32,600k	»f »	»f »	210f »	»k	»f	»f	»f
Incomplet n° 2, 1120 k.	40,000	24 »	268 80	257 60	7,400	47 36	» »	220,64
Complet n° 1, 700 k...	43,800	30 »	210 »	280 »	11,200	71 68	» »	138,32
Plâtre 934 k...	40,200	2 20	20 54	257 »	7,600	48 64	28 10	»

A des personnes qui ne lisent que des yeux , de pareils résultats doivent sembler une éclatante victoire contre les engrais chimiques : c'est le contraire qui est la vérité.

J'ai affermé le farouch , qui n'a été soumis à aucun traitement, à raison de 210 fr. l'hectare pour être consommé en vert : dans ces conditions, le produit étant de 32,600 kilog. à l'hectare, le prix du farouch ressort à 64 c. les 100 kilogr.; c'est ce prix du farouch parfaitement fleuri , comme on le distribue en vert, que je me crois autorisé à adopter, ce fourrage séché après l'entière floraison n'ayant presque aucune valeur.

Les parcelles qui ont servi à l'expérience, dans un état moyen et égal de propreté , sont contiguës et situées dans la même zone que le *champ d'expériences* permanent : aussi, leurs résultats n'ont rien qui doive nous surprendre : car, au champ d'expériences, les parcelles consacrées au blé m'apprennent d'une manière évidente , et tous les jours plus accusée, que le terrain sur lequel j'opère est pourvu de tous les minéraux et est très sensible à l'azote. C'est ainsi que les quatre parcelles : *engrais sans phosphate, engrais sans potasse, engrais sans chaux* et *engrais sans minéraux* (azote seul), ont une végétation très vigoureuse où l'œil ne distingue aucune différence. A la parcelle *engrais sans azote*, le blé est chétif, plus chétif même qu'à la parcelle où je n'ai mis *ni fumier ni engrais*. Le blé le plus satisfaisant est celui de *l'engrais complet* à la dose dite ordinaire, de 1,200 kilogr. à l'hectare : c'est celui qui a le mieux résisté à la verse et même, en quelques points, quelques tiges commencent à faire prévoir que je pourrai notablement diminuer les doses. Toutes les autres parcelles ont plus ou moins versé, et voici jusqu'à présent (12 mai), leur rang respectif par rapport à la verse :

Engrais sans minéraux (azote seul), très versé :

Engrais sans chaux, très versé :

Engrais sans potasse, engrais complet, dose intensive ;

Engrais sans phosphate, engrais complet, dose ordinaire.

Les autres parcelles n'ont rien à craindre de ce côté-là.

Il y a donc une dose d'azote que je ne dois pas dépasser, et un rapport à établir entre la dose de l'azote à employer et celle des minéraux pour obtenir des blés vigoureux à grand rendement, sans être sujets à verser, au moins dans les conditions d'une année ordinaire. Nous reviendrons plus tard sur cette grave question.

Les vesces du champ d'expériences, ainsi que celles de la pièce dite *du Ruisseau,* viennent, comme le farouch, corroborer les premières indications fournies par le blé ; il en est de même du lin, où l'engrais sans azote n'a rien produit d'appréciable. Sensibles à l'élément minéral, ces plantes ne peuvent indiquer que des différences insignifiantes dans une terre qui en est encore suffisamment pourvue. Ce cas est prévu et expliqué tout au long à la page 216 de l'ouvrage de M. Georges Ville, sur les engrais chimiques :

« Pour qu'un champ d'expériences fournisse des indica-
« tions vraiment utiles sur l'état du sol, il faut que la terre
« n'ait pas reçu de fumier depuis plusieurs années : autre-
« ment les rendements des diverses parcelles se rapprochent
« au point de se confondre, et les constrastes que vous
« remarquez ici à Vincennes ne se produisent qu'après deux
« ou trois ans de culture. Mais ce cas n'est pas moins instructif
« que le premier : il prouve, en effet, que le sol est pourvu
« de tous les termes de l'engrais complet.

« Au point de vue de la pratique, cette indication a une
« importance capitale. Elle nous apprend que, dans un tel
« sol, on peut recourir temporairement à des engrais incom-
« plets, et procéder par fumure alternante en se bornant
« aux seules *dominantes*, ce qui permet d'obtenir le maxi-
« mum de produit avec la plus faible dépense. »

Au contraire, partout l'élément azoté a produit un effet presque aussitôt visible. Même sur le farouch, l'engrais complet n° 1 accuse un rendement plus considérable que l'incomplet n° 2 (minéral). Le plâtre vient après l'engrais complet pour le rendement obtenu, et grâce au bas prix auquel il est livré, il a pu réaliser un bénéfice de 28 fr. environ par hectare. Ce résultat semble confirmer l'opinion de tout mon personnel et de la plupart des agriculteurs de nos contrées, qui prétendent que c'est sur le farouch que le plâtre agit avec le plus d'efficacité : il y aurait donc lieu de classer certaines plantes par rapport à la *dominante chaux*, comme il a été fait pour les trois autres termes de l'engrais complet, azote, potasse et acide phosphorique. Si nous remarquons d'autre part que la parcelle de blé, *engrais sans chaux*, est beaucoup plus versée que les autres, n'en puis-je pas conclure que cet élément, indispensable pour la bonne tenue d'un blé vigoureux, manque en partie au terrain, ce que le plâtre a accusé sur le farouch ?

L'ancien mode d'expérimentation ne conduisait qu'à l'empirisme : aujourd'hui, des lois sont posées, et sous peine de rejeter la science, il faut compter avec elles. Que diriez-vous d'un physicien qui ne tiendrait pas compte de la loi de Mariotte, par exemple ? — Dans le premier article, j'ai tâché de résumer en peu de mots toute la théorie nouvelle : ce sont ces principes qui me dirigent dans mon expérimentation : ce ne sont pas des faits *mal interprétés* qui pourront détruire, par un arrangement factice et nullement scientifique présenté au public, le grand théorème de la nutrition végétale. Il ne s'agit plus de comparer *d'une manière absolue* les effets obtenus par des guanos, des phospho-guanos, des poudrettes, des fumiers, des engrais quelconques, qualifiés des dénominations les plus extravagantes, et d'en tirer des conséquences sur la valeur à attribuer à chacune de ces substances. Si, par un motif quelconque, vous ne voulez entendre parler ni des quatre éléments bien déterminés de l'*engrais complet,* ni de l'analyse de vos terres par les *champs d'expériences,* ni des *dominantes* des plantes sur lesquelles vous *opérez,* ni de *la balance des cultures,* vous rejetez le flambeau à la lumière duquel nous entendons marcher, et nous vous laissons à vos ténèbres. En un mot, et une fois pour toutes, nous nous sommes placé sur le terrain scientifique, le seul où ces grandes questions puissent être utilement et sérieusement discutées : et si nous nous y sentons à notre aise, ce n'est pas par l'appoint fort léger de notre savoir, mais par la simplicité même des principes que nous défendons.

Première et deuxième coupes du sainfoin.

Sainfoin dit de *la Marnière*. — Age : 6 ans, 1re coupe.

PESÉES CONVERTIES POUR 1 HECTARE, EFFECTUÉES LE 2 JUIN.

Nos des parcelles	Produit en sainfoin par hectare.	Valeur du produit à raison de 6 fr. les 100 kil.	Traitement par la charrue et la herse.	Epoque de l'épandage des engrais.	Engrais employé par hectare.	Prix de 100 kil. de l'engrais.	Valeur de l'engrais employé par hectare.	Excédant produit par l'engrais sur la parcelle n° 1.	Valeur de l'excédant produit par l'engrais.	Perte par hectare.
1	5.400k	324f	aucun.	—	—	—	—	—	—	—
2	5.200	312	labouré, hersé.	21 novembre.	complet n° 1, 700 kil.	30f	210f	—	—	282f
3	7.000	420	aucun.	21 novembre.	complet n° 1, 700 kil.	30	210	1.100k	66f	144
4	7.000	420	aucun.	8 février.	complet n° 1, 700 kil.	30	210	1.400	66	144
5	5.480	328	labouré, hersé.	21 novembre.	incomplet n° 2, 1.000 kil.	24	240	—	—	266
6	6.800	408	aucun.	21 novembre.	incomplet n° 2, 1.000 kil.	24	240	900	54	186
7	7.120	427	aucun.	8 février.	incomplet n° 2, 1.000 kil.	24	240	1.220	73	167
8	6.530	391	après labour et hers.	8 février.	complet n° 1, 700 kil.	30	210	630	37	173
9	7.400	444	après labour et hers.	8 février.	incomplet n° 2, 700 kil.	24	210	1.500	90	78
10	6.100	366	après labour et hers.	22 mars.	Plâtre, 1.000 kil.	2 20	22	200	12	10
11	5.900	354	labouré et hers	—	—	—	—	—	—	—

Observations. — Ce tableau peut donner lieu à de nombreuses remarques que nous développerons en temps opportun : nous nous bornons, pour le moment, aux observations qui suivent :

1º Toutes les parcelles qui n'ont pas été soumises au traitement de la charrue et de la herse ont donné un fourrage très inférieur et qui certainement n'aurait pas eu de cours commercial. — 2º Si nous comparons la parcelle nº 11 à la parcelle nº 1, toutes deux exemptes d'engrais et de plâtre, la première labourée et hersée, la deuxième non soumise à ce traitement, nous voyons que, sous le rapport du poids, il y a avantage à labourer et à herser. — 3º Quels que soient les rendements que l'on considère dans ce tableau, il en ressort que l'opération du labour et du hersage, pendant les beaux jours de février, offre trois avantages sur lesquels j'insiste, parce qu'ils sont le résultat le plus saillant des expériences sur ce sainfoin : excellente qualité de fourrage où le sainfoin domine ; rendement en poids plus élevé ; durée du sainfoin assurée. — 4º La parcelle nº 9 qui a donné le plus grand rendement, par l'engrais incomplet nº 2 (potasse, chaux, acide phosphorique), nous montre très bien que le sainfoin emprunte presque tout son azote à l'air. — 5º Les rendements obtenus nous prouvent que la terre sur laquelle nous avons opéré est naturellement fertile, c'est-à-dire pourvue des quatre éléments de l'engrais complet, et qu'il n'y a pas lieu, pour la production du sainfoin, de recourir sur cette pièce à l'emploi des engrais. Le plâtre employé seul n'a produit que peu d'effet. A la deuxième coupe, parfaitement exempt de négril, aucune différence ne s'est manifestée.

Sainfoin dit de *devant la Maison d'habitation*. — Age : 3 ans. 1re et 2e coupes

PESÉES CONVERTIES POUR 1 HECTARE, EFFECTUÉES
LE 2 JUIN ET LE 16 JUILLET.

Nos des parcelles.	1re coupe. Produit par hectare.	Engrais par hectare.	2me coupe. Produit par hectare.	Prix de l'engrais par hectare.	Prix des 100 kil. d'engrais	Nature de l'engrais.	Produit des deux coupes	Valeur du produit des deux coupes à 5 fr. les 100 kil.	Époque de l'épandage des engrais.	Perte par hectare.	Bénéfice par hectare.	OBSERVATIONS.
1	4780k	—	2962k	—	—	—	7742k	387f	—	Comparer aux parcelles respectives, 1, 6 et 10.	Comparer aux parcelles respectives, 1, 6 et 10.	labour et hersage
2	4118	1143k	3431	274f	24f	incomplet no2	7549	377	24 novemb.			labour et hersage du 1er au 10 févr.
3	4148	1143	3431	274	24	incomplet no2	7549	377	12 février.			après labour et hersage.
4	4575	1143	3431	348	30 50	complet no 1.	8006	460	21 novemb.			ni labour ni hers.
5	4346	1143	3202	348	30 50	complet no 1.	7548	387	12 février.			après labour et hersage
6	2429	—	1435	—	—	—	3864	193	—			hersage.
7	3974	845	4650	18	2 20	Plâtre.	8624	431	17 mars.			hersage.
8	4716	647	4162	197	30 50	complet no 4.	8878	443	12 février.			hersage.
9	4597	646	3565	137	24	complet no 2.	8163	408	12 février.			hersage.
10	1214	—	925	—	—	—	2139	107	—			labour et hersage.

Observations. — La pièce où est établi ce sainfoin est traversée en écharpe par une zone heureusement restreinte, mais très peu fertile, espèce d'argile courte ne pouvant donner à toutes les récoltes qu'une triste végétation : c'est une exception au milieu de toutes mes terres. Les parcelles nos 2, 3, 4, 5 et 10, sont situées dans cette zone. Les parcelles nos 6, 7, 8 et 9 sont à côté, dans une partie encore mauvaise, mais moins cependant que la zone en question. La parcelle no 1 a été choisie dans la partie la plus fertile de la pièce. On a ainsi trois points de comparaison pour les trois degrés bien accusés de fertilité. — Aux deux coupes, les différences se sont énergiquement manifestées. — Alors que le plâtre n'a presque rien produit sur le sainfoin de la Marnière, ici, employé seul, il suffit pour donner des produits élevés. C'est donc des trois minéraux, la chaux seule, l'élément bon marché, qui fait défaut à la partie mauvaise de cette pièce. — Si les deux autres minéraux, potasse et phosphates, manquaient, il y a lieu à attendre d'être fixé sur la durée de leurs effets avant de se décider sur l'opportunité de leur emploi appliqué à la production du sainfoin.

V

**Résultats obtenus sur les vesces et le blé du champ
d'expériences. — Verse des blés et moyens d'y
remédier.**

1° VESCES. — *Pesées converties pour 1 hectare, effectuées le 24 juin.*

NUMÉROS DES PARCELLES.	DOSE PAR HECTARE.	PRODUIT PAR HECTARE.
1 Fumier	40,000 kil.	3,000 kil.
2 Fumier	20,000	5,000
3 Complet intensif	1,500	5,000
4 — ordinaire	1,150	5,000
5 Sans azote	1,150	5,000
6 Sans phosphate	800	3,000
7 Sans potasse	950	4,500
8 Sans minéraux	600	5,000
9 Sans chaux	900	5,000
10 Sans fumier ni engrais	—	4,750

Observations. — J'ai déjà eu occasion de le dire, mes terres
ne manquent pas de minéraux ; aussi les vesces, comme le
farouch, comme le lin et toutes les plantes sensibles à l'élément minéral, ne peuvent indiquer que des différences insignifiantes dans une terre qui en est encore suffisamment
pourvue. Ce cas, je le répète, est prévu et expliqué tout au
long à la page 216 de l'ouvrage de M. Georges Ville.

2° BLÉ (non entièrement sec). — *Pesées converties pour 1 hectare,*
effectuées le 9 juillet.

Nos des parcelles.	ENGRAIS EMPLOYÉ.	DOSE PAR HECTARE.	RENDEMENT EN GERBES PAR HECTARE.
1	Fumier.....	40,000 kil.	11,500 kil
2	Fumier..	20,000	10,250
3	Complet intensif	1,500	10,500
4	Complet ordinaire	1,200	10,250
5	Sans azote	825	9,250
6	Sans phosphate	750	11,500
7	Sans potasse.	1,000	11,500
8	Sans minéraux	325	11,500
9	Sans chaux.....	925	11,500
10	Sans fumier ni engrais..	—	9,500

Observations. — Les parcelles versées, nos 3, 4, 6, 7, 8, 9,
ont reçu 75 à 80 kilog. d'azote par hectare, et c'est à cette
exagération, établie pour les quatre termes de l'engrais complet par excès ou par défaut dans le but d'obtenir dès la
première année des indications non équivoques, qu'est due
la verse complète que nous constatons, survenue dès le mois
d'avril: le grain n'y vaut rien et la paille toute noirâtre a
très peu de valeur. Les parcelles nos 1, 2, 5 et 10, non versées, ont un beau grain et une très belle paille.

M. H. Joulie m'écrit à ce sujet : « Vos expériences de
« cette année vous auront démontré deux choses fort impor-
« tantes : 1° que votre terre est pourvue à un certain degré
« de potasse et de phosphates : 2° que, pour les céréales, il
« n'y faut employer que des doses modérées d'azote. Il sera
« dès lors utile de préciser, l'année prochaine, ces deux
« points par des essais dirigés dans ce but. Il faudra d'abord
« continuer la culture de vos champs d'expériences sans
« nouveaux engrais, afin de mesurer la durée possible des

« minéraux de votre sol. Il faudra ensuite faire des céréales
« avec des doses fractionnées d'azote, afin de fixer la limite
« qui convient aux conditions climatériques dans lesquelles
« vous opérez. Je vous proposerais de faire du blé avec 20,
« 30, 40, 50 et 60 kilog. d'azote à l'hectare. »

Les considérations qui précèdent nous conduisent à parler
de la verse des blés qui, cette année, dans nos contrées, a
causé de grands dommages au rendement des récoltes.

La raison que l'on met en avant contre les fumures intensives soit par le fumier, soit surtout par les engrais chimiques, est la *verse*. On croit que le blé, par le seul fait qu'il
promet de donner un produit très abondant en grain, est
plus sujet à verser que celui dont le rendement se maintient
dans les limites moyennes. C'est une erreur, et les faits sont
nombreux en faveur de l'allégation contraire.

Deux causes très connues peuvent amener la verse des
blés :

1o Des pluies trop persistantes. Il est évident que quelle
que soit la composition des engrais employés, quel que soit
aussi le mode de culture adopté, dans les années qui sont
marquées comme très pluvieuses, la tige reste aqueuse, par
conséquent sans consistance, et les désastres de la verse sont
considérables. Mais ce n'est pas sur des exceptions qu'il faut
s'appuyer, elles ne doivent servir qu'à mieux nous mettre
en règle pour les conditions ordinaires dans lesquelles nous
opérons.

2o Un excès d'azote. Ce fait, observé si souvent sur les
défrichements de luzerne surtout, et à la suite d'essais
d'engrais d'une activité renommée, est aujourd'hui hors de
doute.

Voyons s'il n'y a pas possibilité de s'affranchir de ce fléau de la verse, au moins dans une certaine mesure, tout en cherchant à atteindre les rendements intensifs en grain. Deux moyens à employer simultanément semblent pouvoir résoudre le problème.

1er *Moyen*, basé sur la composition et le mode d'emploi des engrais.

2me *Moyen*, basé sur la manière d'ensemencer les terres.

Je ne dis rien du choix de la semence : car, malgré que je ne sème que des bladettes rouges ou blanches dites *inversables*, il arrive qu'en certaines parties elles versent aussi bien que les autres qualités n'ayant pas cette prétentieuse dénomination. Je dois avouer pourtant que généralement leur paille est plus grossière et que, dans certaines conditions déterminées, il est possible qu'elles résistent mieux. Avec cette réserve enlevant ce qu'il y a de trop absolu dans cette appellation d'*inversable*, admettons que, par prudence, on ne fasse usage que de ces bladettes qui d'ailleurs donnent un grain très estimé sur les marchés.

PREMIER MOYEN

Basé sur la composition et le mode d'emploi des engrais.

Je ne saurais mieux faire que de rapporter textuellement l'opinion de MM. Georges Ville et Joulie.

Au début de mes relations, M. Joulie, consulté sur cette question, m'écrivait :

« ..... Nous n'avons aucune observation à ajouter à celles
« que vous nous présentez, si ce n'est sur un seul point, en ce
« qui concerne la verse des blés au-delà d'une certaine
« limite de rendement. Il nous semble que vous craignez
« outre mesure cet accident, qui n'arrive que lorsqu'il y a

« disproportion entre les divers éléments que le sol fournit
« à la plante. Il est bien établi aujourd'hui que la verse ne
« tient pas, comme on le croyait autrefois, au manque de
« silice, mais bien à une consistance insuffisante de la fibre
« ligneuse du chaume. Ce défaut est ordinairement provoqué
« par des fumures trop azotées qui précipitent la végétation
« dès le début et ne permettent pas à la plante de tirer du
« sol tous les minéraux dont elle a besoin pour produire une
« tige solide et résistante. C'est pourquoi nous recomman-
« dons dans notre *Petit guide* de ne pas dépasser certaines
« doses de matières azotées ; mais il n'est pas moins certain
« pour cela qu'il est toujours possible d'élever les rende-
« ments à 35 ou 40 hectolitres sans que les blés ne versent,
« pourvu que l'on enrichisse largement la terre en chaux,
« en potasse et en acide phosphorique, mettant ainsi la
« plante en état d'assimiler de plus grandes quantités d'azote
« sans accidents. En résumé, d'après les renseignements
« qui nous viennent de toutes parts, nous voyons que la
« dose d'azote qui fait verser le blé dans une terre pauvre
« en minéraux souvent au-dessous de 20 hectolitres à l'hec-
« tare, permet au contraire dans les sols enrichis de matières
« minérales d'atteindre à de très forts rendements sans le
« moindre accident. Nous pensons donc qu'il ne vous sera
« pas difficile d'élever ces rendements et de revenir à la
« culture de blés très productifs, lorsque vous aurez acquis
« par vos champs d'expériences toutes les données néces-
« saires pour faire l'application des engrais chimiques en
« connaissance de cause. »

M. Georges Ville, dans son dernier rapport inséré dans le
Journal d'Agriculture pratique, précise cette importante question par des faits et par des chiffres :

« Mais là ne se borne pas le résultat que l'on doit aux expériences de 1868 : nous lui devons encore d'avoir éclairé d'une lumière décisive certains points de pratique sur lesquels on pouvait avoir encore de l'hésitation.

« J'avais signalé depuis longtemps les bons effets qu'on pouvait retirer des engrais chimiques employés en couverture au printemps. Des recherches nouvelles, entreprises dans ce but spécial, ont confirmé les premiers résultats, et je me demande très sérieusement si cette méthode n'est pas appelée à devenir le procédé usuel. Cette année, au champ d'expériences de Vincennes, deux carrés, qui n'ont cessé de produire du froment depuis 1860, étaient, au sortir de l'hiver, dans le plus piteux état. Au mois d'avril, le blé était clairsemé, jaune, et ne promettait qu'une récolte insignifiante. Le 25 avril, une dose ordinaire d'engrais complet fut répandue en couverture sur l'un : rien ne fut donné à l'autre. — En moins de quinze jours la végétation du premier avait éprouvé une véritable résurrection : favorisé par une pluie douce et fine qui avait suivi de quelques jours l'épandage de l'engrais, le blé changea de couleur et prit un essor qui contrastait par son activité avec ceux des carrés voisins qui avaient reçu la même dose d'engrais à l'automne.

« Sur le carré qui n'avait pas reçu d'engrais, la récolte a été de 10^h.71 : sur celui qui avait reçu l'engrais le 25 avril (ayez égard à la date), de 25^h.15 par hectare.

« Chez les Trappistes de Notre-Dame-des-Dombes, le même fait a été observé. Un blé fumé à l'automne, qui était de toute beauté au mois d'avril, a moins rendu qu'un blé de très pauvre apparence fumé en couverture au printemps.

« Il est désirable que ces expériences soient reprises sur un assez grand nombre de points différents pour pouvoir prononcer avec une entière certitude sur le mérite respectif des deux méthodes.

« Pour moi, éclairé par l'expérience de ces cinq dernières années, je n'hésite plus à conseiller d'employer le sulfate d'ammoniaque en deux fois, la moitié au printemps, et la moitié à l'automne : la division de la matière azotée permet de relever à la dernière heure les parties des cultures que l'hiver a le plus éprouvées. Je crois, de plus, qu'il y a toute sorte d'avantages à modérer pendant l'automne la formation des organes de nature herbacée.

« Sur les terres où la verse est fréquente, la division de l'engrais est surtout de rigueur. Pour ces terres, le nitrate de soude doit même être préféré au sulfate d'ammoniaque : son action est moins brusque.

« Les tremblements de terre qui se sont produits l'année dernière sur les côtes du Pérou ont jeté le désarroi dans le commerce de ce produit. Tout le stock, et il était considérable, a été détruit : la fièvre jaune qui a sévi sur le littoral a empêché les arrivages de l'intérieur. Pendant ce temps, les approvisionnements qui existaient en Europe se sont épuisés, et les premiers arrivages ont été littéralement enlevés par les fabricants de produits chimiques, mais c'est là une situation transitoire qui ne peut se prolonger. L'exploitation des gisements qui existent au Pérou a été reprise avec plus d'activité que par le passé, et tout me porte à penser qu'au printemps prochain le prix du nitrate de soude sera vraisemblablement revenu à son cours primitif. En lui donnant la préférence sur le sulfate d'ammoniaque, l'agriculture favorisera le mouvement de baisse qui a commencé à se manifester sur ce produit.

« Dernière observation : lorsqu'une culture de céréales,

froment, orge ou avoine, est en mauvais état au mois d'avril,
la terre ayant reçu cependant une bonne fumure à l'automne,
avec 50 ou 100 kilogr. au plus de sulfate d'ammoniaque, on
peut encore la relever. Il suffit d'une impulsion soudaine
donnée à la plante pour que l'engrais de l'automne, paralysé
par une saison défavorable, produise son effet : mais plus
la saison est avancée, plus il faut employer des doses modérées de matière azotée. A partir du 20 avril, il ne faut pas
dépasser 100 kilogr. de sulfate d'ammoniaque ou 120 kilogr.
de nitrate de soude : la moitié de ces doses est même le plus
souvent suffisante.

« Je dois ces indications, dont j'ai vérifié le bien fondé, au
regrettable M. Schattenmann, qui avait une longue expérience de l'emploi de ces matières.

« Lorsqu'on débute dans l'emploi des engrais chimiques,
il est bien difficile de résister à la tentation d'outre-passer
les doses que je prescris : leur effet est si rapide, les rendements qu'ils déterminent si élevés, que, malgré soi, l'on est
entraîné à ne recourir qu'aux formules intensives. Il ne faut
pourtant y céder que dans une juste mesure. »

DEUXIÈME MOYEN

Basé sur la manière d'ensemencer les terres.

Il faut semer en lignes. Ce procédé sera bientôt inséparable de la bonne culture : le lecteur en trouvera tous les
détails avec les raisons à l'appui à l'article V de la seconde
partie.

VI

Troisième coupe du sainfoin.

Comme à la 1re et à la 2e coupes, le sainfoin dit *de la Mar-nière* n'a montré aucune différence appréciable ni avec les engrais, ni avec le plâtre entre les diverses parcelles des expériences. Rappelons-nous qu'à la première coupe, ce sainfoin, labouré et hersé, donna, sans emploi d'engrais, de fumier ni de plâtre, le chiffre élevé de 5,900 kilogr. par hectare.

Au sainfoin dit *de devant la Maison d'habitation*, les dif-férences ont continué à se manifester avec énergie. Vous vous souvenez que j'ai établi dans cette pièce deux parcelles de comparaison n'ayant reçu aucun engrais: la parcelle n° 10 dans la zone la plus mauvaise pour la comparaison des parcelles 2, 3, 4 et 5, et la parcelle n° 6 dans une zone moins mauvaise pour la comparaison des parcelles 7, 8 et 9 : ce qui donne lieu au tableau suivant :

ZONE TRÈS MAUVAISE ; COMPARAISON AVEC LA PARCELLE N° 10.

Numéros des parcelles.	Nature de l'engrais.	Quantité d'engrais par hectare.	Prix des 100 kil. d'engrais.	Prix de l'engrais employé par hectare.	Époque de l'épandage	1re COUPE. Produit par hectare.	2e COUPE. Produit par hectare.	3e COUPE. Produit par hectare.	Produit des 3 coupes	Valeur des 3 coupes à 5 fr. les 100 kil.	Bénéfice par hectare pour les 3 coupes.	Perte par hectare pour les 3 coupes.	SOINS de culture.
10	aucun.	....	....	...	....	1214 k	923 k	405 k	2544 k	125 f	....	....	labour et hersage.
2	incomp. n° 2	1143 k	24 f	274 f	24 novembre	4118	3431	1601	9130	437	56 f	....	labour et hersage du 1er au 10 février.
3	incomp. n° 2.	1143	24	274	12 février.	4118	3431	1715	9264	463	62	....	après labour et hers.
4	complet n° 1.	1143	30 50	348	24 novembre.	4575	3431	1601	9607	480	5	....	ni labour ni hersage
5	complet n° 1.	1143	30 50	348	12 février.	4346	3202	1464	9012	450	....	23 f	1re coupe très herbacée labour et hersage.

ZONE MOINS MAUVAISE QUE LA PRÉCÉDENTE ; COMPARAISON AVEC LA PARCELLE N° 6.

Numéros des parcelles.	Nature de l'engrais.	Quantité d'engrais par hectare.	Prix des 100 kil. d'engrais.	Prix de l'engrais employé par hectare.	Époque de l'épandage	1re COUPE. Produit par hectare.	2e COUPE. Produit par hectare.	3e COUPE. Produit par hectare.	Produit des 3 coupes	Valeur des 3 coupes à 5 fr. les 100 kil.	Bénéfice par hectare pour les 3 coupes.	Perte par hectare pour les 3 coupes.	SOINS de culture.
6	aucun.	....	....	..	....	2429	1435	1361	5225	261	....	....	hersage.
7	plâtre.	843	2 20	18	17 mars.	3974	4650	3256	11880	594	315	....	hersage.
8	complet n° 1.	647	30 50	197	12 février.	4716	4162	3422	12300	625	167	....	hersage.
9	complet n° 2.	636	24	157	12 février.	4597	3365	1914	10076	503	85	....	hersage.

La parcelle n° 1, sans fumier ni engrais, dans la zone la plus fertile, a produit :

1re Coupe.....	4780 kil., à 5 fr. les 100 kil.		= 230 fr.
2e Coupe.....	2962 —	—	= 148
3e Coupe.....	1734 —	—	= 86
Total des 3 coupes.	9476 kil.,	—	= 464 fr.

Si, en général, la 1re coupe est uniformément productive, il n'en est pas de même des autres qui, suivant les hasards des pluies d'été, donnent des rendements très variables. Pour donner le moins possible de prise aux considérations vagues, je note dans mon journal agricole les indications météorologiques indispensables. Voici, par rapport aux jours de pluie, dans quelles circonstances ont été effectuées mes opérations :

Sainfoin de la Marnière (Age : 6 ans).

1re Coupe le 14 mai. — Pesées le 19 mai.
2e Coupe le 9 juillet.
3e Coupe le 15 août.

Sainfoin de la maison (Age : 3 ans).

1re Coupe le 22 mai. — Pesées le 2 juin.
2e Coupe le 14 juillet. — — le 16 juillet.
3e Coupe le 22 août. — — le 24 août.

Orages et pluies.

29 Mai............... Orage et pluie.
30 — .... Orage et pluie.
31 — .... Pluie.
13 Juin............ Orage et pluie.

14 Juin . . . .   Orage et pluie.

20 —   . . . .   Pluie.

25 —   . . . .   Pluie.

1er Juillet. . . . .   Pluie.

 2 —   . . . .   Pluie.

24 —   . . . .   Pluie.

25 —   . . . .   Pluie.

1er Août. . . . .   Orage et pluie.

Pas de grêle, fléau assez rare dans ma région.

Ces indications prouvent que, malgré deux périodes sans pluie, la 1re en juillet de 22 jours, la 2me de 24 jours, les engrais chimiques ont néanmoins trouvé assez d'humidité *pour ne pas rester inertes* et donner sous notre ardent soleil du Sud-Ouest les résultats portés aux tableaux qui précèdent. Je n'ai pas besoin de faire ressortir l'importance de cette remarque.

VII

Quatrième et dernière coupes du sainfoin. — Résul-
, tats définitifs des quatre coupes.

Cette quatrième coupe qui, après les pluies du commen-
cement de septembre s'annonçait bien, n'a fait que décliner
par suite de la sécheresse qui a sévi depuis cette époque
avec une persistance assez rare dans la première période
d'automne. La gelée du 5 octobre a donné le coup de grâce
à cette récolte de regain. Il a donc fallu couper les quelques îlots qui pouvaient rémunérer le travail, et mieux eût
valu le faire huit jours plus tôt.

Malgré des conditions aussi désavantageuses, les parcelles
d'expériences du sainfoin dit *de devant la Maison* ont continué à manifester des résultats très intéressants, tandis que
celles du sainfoin dit *de la Marnière* sont restées dans la
neutralité la plus absolue. Enregistrons les faits tels qu'ils se
présentent :

ORAGES ET PLUIES.

29 mai.... Orage et pluie.	24 juillet... Pluie.
30 — ... Orage et pluie.	25 — ... Pluie.
31 — ... Pluie.	1er août... Orage et pluie.
13 juin... Orage et pluie.	31 — ... Pluie très faible.
14 — ... Orage et pluie.	1er septemb. Orage et petite pluie.
20 — ... Pluie.	4 — Orage, grande pluie.
25 — ... Pluie.	Du 5 au 13 sept. Pluies intermittentes
1er juillet. Pluie.	30 septembre. Petite pluie.
2 — Pluie.	Pas de grêle.

Sainfoin de la Marnière (Age : 6 ans).

1re Coupe le 14 mai. — Pesées le 19 mai.
2e Coupe le 19 juillet.
3e Coupe le 15 août.
4e Coupe le 12 octobre.

Sainfoin dit de *devant la Maison d'habitation*. (Age : 4 ans).

Résultats des quatre coupes de sainfoin de l'année 1869. — Pesées converties pour 1 hectare.

Numéros des parcelles.	Nature de l'engrais.	Quantité d'engrais par hectare.	Prix des 100 kil. d'engrais.	Prix de l'engrais employé par hectare.	Époque de l'épandage	1re coupe. Produit par hectare.	2me coupe. Produit par hectare	3e coupe. Produit par hectare	4e coupe. Produit par hectare.	Produit des 4 coupes par hectare.	Valeur des 4 coup. à 5 fr. les 100 kil.	Bénéfice par hectare pour les 4 coupes.	SOINS de culture.
					ZONE TRÈS MAUVAISE ; COMPARAISON AVEC LA PARCELLE Nº 10.								
10	aucun.	....	....	....	....	1214k	925k	403k	92k	2636k	134f	..	Labour et hersage.
2	incompl. no 2	1143k	24f	274f	21 novembre	4118	3431	1601	583	9733	486	81f	Labour et hersage du 1er au 10 février.
3	incompl no 2	1143	24	274	12 février.	4118	3431	1713	669	9933	496	91	Après labour et hers
4	complet no 1	1143	30 50	348	21 novembre	4575	3431	1601	583	10190	509	30	Ni labour ni hersage, 1re coupe tres herbac.
5	complet no 1	1143	30 50	348	12 février.	4346	3202	1464	583	9393	479	(*)	Labour et hersage.
					ZONE MOINS MAUVAISE QUE LA PRÉCÉDENTE ; COMPARAISON AVEC LA PARCELLE Nº 6.								
6	aucun.	....	....	....	....	2429	1435	1361	508	5733	286	..	hersage.
7	plâtre.	845	2 20	18	17 mars.	3974	4630	3256	1142	13022	634	363	hersage.
8	complet no 1.	647	30 50	197	12 février.	4716	4162	3422	1248	13548	677	194	hersage.
9	incompl no 2	636	24	157	12 février.	4597	3565	1914	913	10991	549	106	hersage.

(*) La parcelle no 5 n'a donné ni bénéfice ni perte.

La parcelle n° 1, sans fumier ni engrais, dans la zone la plus fertile, a produit :

1re Coupe.....	4780 kil.,	à 5 fr. les 100 kil.	= 239 fr.
2e Coupe.....	2962 —	—	= 148
3e Coupe.....	1734 —	—	= 86
4e Coupe.....	508 —	—	= 25
Total des 4 coupes.	9984 kil.,	—	= 498 fr.

Les conséquences de ces résultats, en ce qui me concerne, sont fort simples. Le sainfoin *de la Marnière*, après sept ans de durée, c'est-à-dire après le produit de l'année prochaine, sera défriché. Le sainfoin de *devant la Maison* sera plâtré à raison de 1000 kilogr. par hectare. Malheureusement la *cuscute*, dont 7 à 8 îlots apparurent dès la première année, a fait des progrès énormes, malgré tous les moyens que j'ai pris pour l'anéantir (grattage, labours, hersages, pelleversages, fumures, terreaux, engrais, plâtre, etc., etc.).

Il est donc fort probable qu'après les deux premières coupes du printemps prochain, mes deux sainfoins seront défrichés pour rentrer dans la culture ordinaire.

VIII

Résultats du maïs du champ d'expériences.

Les expériences sur le maïs ont donné les résultats consignés dans le tableau ci-dessous :

Pesées relatives au Maïs du champ d'expériences, effectuées le 13 septembre 1869, converties pour 1 hectare.

Dominante : Acide phosphorique.

Numéros des parcelles.	Nature de l'engrais.	Dose par hectare.	Poids du grain et de la râfle ensemble. (1)	Nombre de toiles. (2)	Nombre d'hecto-litres de grains. (3)	Poids des tiges et des crêtes. (4)
		k	j		h l	k
1	Fumier.............	10000	3750	68,85	34,42	5686
2	Fumier.............	20000	4050	74,37	37,18	6439
3	Complet, dose intensive	1600	4450	80,75	40,37	6638
4	Complet, dose ordinaire	1300	4450	80,75	40,37	7000
5	Sans azote..........	950	4225	76,90	38,45	7235
6	Sans phosphate......	650	4300	78,20	39,10	7507
7	Sans potasse........	1000	4525	82,50	41,25	6187
8	Sans minéraux.......	600	4450	80,75	40,37	7590
9	Sans chaux..........	800	4450	80,75	40,37	8332
10	Sans fumier ni engrais	—	4050	74,37	37,18	6050

(1) Quand les épis recueillis seront secs, je pèserai pour avoir la diminution résultant de la dessiccation, et après avoir égrené, je chercherai et j'indiquerai ce que contient en grain et en râfle un poids donné d'épis.

(2) La toile dont je parle est formée par un sac qui, une fois rempli des épis de maïs et commodément attaché, jauge 1 hectolitre.

(3) Quand le maïs est bien formé, comme cette année, 2 toiles produisent 1 hectolitre de grain ; dans une année médiocre, il faut près de 3 toiles pour produire 2 hectolitres de grain.

(4) Ces tiges et crêtes subiront aussi une diminution de poids en se séchant plus complétement à l'abri. J'en ferai la recherche.

Il suffit de lire le rendement de la parcelle sans fumier ni engrais pour y voir nettement une nouvelle confirmation de la fertilité de la pièce (fortement fumée au début de l'assolement), où j'ai établi mon champ d'expériences. Il faut que l'épuisement commence, pour qu'un champ d'expériences puisse donner des indications bien accusées : c'est toujours à la remarque de la page 216 de l'ouvrage de M. Georges Ville qu'il faut avoir égard.

Tableau des pluies et orages pendant toute la durée du développement du maïs semé le 12 avril.

15 Avril......................	Pluie.
16 —	
17 —	Très fortes pluies.
18 —	
27 —	Pluie.
30 —	Petite pluie.
1er Mai	Petite pluie.
7 —	Orage et pluie.
10 —	Orage et pluie.
15 —	Pluie.
19 —	Pluie.
27 —	Orage et pluie.
29 —	Orage et pluie.

Le reste comme il a été dit au tableau relatif au sainfoin.

Voici le détail des opérations qui ont été suivies pour le traitement des parcelles qui ont 20 mètres de longueur sur 2 mètres de largeur (40 mètres carrés, par conséquent), et séparées par des allées de 1 mètre de largeur. La charrue ne pouvant fonctionner dans cette disposition, les façons se donnent forcément à la main.

Première façon, le 12 janvier. Le fumier a été répandu sur les numéros 1 et 2, à la dose indiquée, et bien recouvert par le pelleversage.

Deuxième façon, le 15 février. Le maïs étant une plante qui puise dans les couches profondes de la terre arable, on a répandu l'engrais à deux reprises : d'abord la moitié, puis on a pelleversé : on a ensuite répandu l'autre moitié, qui a été recouverte à 8 ou 10 centimètres, avec un outil à trois pointes, *la bécadelle ;* les parcelles du fumier ont aussi reçu la deuxième façon.

Le 8 avril, le maïs a été semé sur deux lignes parallèles, tracées au cordeau, séparées de 1 mètre. On a semé épais pour être sûr d'avoir, à l'époque où l'on éclaircit, les tiges nécessaires à la distance voulue.

Le 19 mai, le millet a été éclairci et nettoyé. On laisse 45 à 50 centimètres entre chaque tige sur la longueur des lignes (92 pieds de maïs par parcelle, 23,000 pieds par hectare).

Le 26 mai, buttage à la houe et nettoyage complet.

Le 9 juillet, on a débarrassé les tiges des rejetons inutiles, qui absorbent la sève au préjudice des épis: opération très efficace que je fais pratiquer sur tous les maïs.

Ecrétage le 17 août.

Récoltes et pesées le 13 septembre.

Toutes ces opérations sont absolument les mêmes qui s'exécutent dans les pièces de la grande culture.

Le tableau des pluies et orages nous montre que le temps a été très favorable à la belle venue du maïs. Néanmoins, il y a eu souffrance dans la période de 22 jours sans pluie, du mois de juillet, mais seulement pour les épis de la deuxième

venue. Ainsi, fumier et engrais ont parfaitement pu développer leur action.

Il faut en conclure que les anomalies apparentes qui se
remarquent dans les résultats ne peuvent tenir qu'à des
causes purement physiques, dont il faut tenir compte, aussi
bien que des phénomènes chimiques.

Entre autres choses, il est probable que si le fumier à dose
intensive a abaissé le rendement, c'est qu'il a tenu la terre
trop meuble, et cette condition qui peut être excellente pour
certaines plantes, telles que la pomme de terre, est contraire
au développement du maïs, dont les racines, en forme de
harpons, demandent, dès le début, un terrain formant un
point d'appui solide pour se bien cramponner.

« Les résultats que vous me communiquez du maïs,
« m'écrit M. Joulie, à la date du 17 septembre, ne me paraissent
« prouver qu'une seule chose, c'est que la terre sur laquelle
« vous avez opéré est abondamment pourvue d'éléments de
« fertilité. Dans ces conditions, ce sont les circonstances
« physiques qui règlent le rendement, et il est pour moi
« hors de doute que c'est à un effet physique fâcheux que le
« fumier doit d'avoir ainsi abaissé la récolte.

« Dans une semblable terre, la seule chose qu'il puisse y
« avoir à faire pour élever le rendement au maximum est de
« donner chaque année, et à faible dose, la dominante de la
« plante que l'on cultive. Pour le maïs, particulièrement, je
« crois que vous vous trouverez bien d'employer simple-
« ment 200 à 300 kilogrammes de superphosphate de
« chaux. Je vous engage à en faire l'essai (Voir l'article IX).
« Je crois que le mieux est de s'abstenir d'explications, sur
« lesquelles on aurait peut-être à revenir plus tard. Les faits
« seuls sont certains : présentons-les en toute sincérité ; plus
« tard, ils s'expliqueront les uns par les autres. »

IX

Résultats de certaines expériences de la deuxième série établis dans différentes pièces de la grande culture.

1º SUR LES BLÉS.

Les engrais répandus en couverture dans la première quinzaine de février ont produit peu d'effet sur les terres riches et profondes où ils ont été employés : mais sur les terres légères du coteau qui est un défrichement de bois exécuté il y a six ans et qui n'a jamais reçu de fumier, de même que sur certaines zones d'autres pièces où le blé ne montrait qu'une végétation languissante, les résultats n'ont pas laissé d'incertitude sur l'efficacité des engrais employés : en moins de trois semaines, les parcelles pauvres ont pris l'aspect des plus belles récoltes, et, à l'époque de la moisson, on a pu constater que la paille dépassait de 15 à 20 centimètres celle qui l'environnait et était surmontée de longs épis parfaitement nourris.

Les engrais que j'ai pu essayer, en semant le blé sur les parcelles réservées, ont été répandus seulement le 21 novembre, quinze jours après le dernier ensemencement régulier.

Au coteau et sur la partie pauvre de la pièce dite *de la Marnière*, les effets se sont très nettement manifestés.

Dans les pièces où le blé avait belle apparence, l'engrais a, en très peu de temps, mis au même niveau le blé de l'expérience semé beaucoup plus tard, mais sans beaucoup d'avantages apparents au résultat final.

Il est naturel que sur les terres portées par des soins antérieurs à un degré intensif de fertilité, la manifestation des phénomènes soit moins accusée. C'est ainsi que je n'ai rien à dire de mes expériences sur les avoines qui ont acquis un développement considérable sur toute l'étendue des deux pièces qu'elles occupaient.

Du reste, le rendement général de mes récoltes a été satisfaisant. Les 20 hectolitres de blé semés sur environ 11 hectares 38 centiares ont produit, à la sortie de l'excellente batteuse à vapeur Garret, dont le dernier modèle fonctionne parfaitement, 323 hectolitres d'un poids net de 76 kilogr. 500 par hectolitre. Passé au ventilateur, l'hectolitre pèse 77 kilogr. 500. Quantité de paille énorme.

L'avoine n'a pas tenu ce que sa végétation luxuriante permettait d'espérer, ou plutôt c'est l'excès même de cette végétation qui a abaissé le rendement en provoquant la verse sur la majeure partie; néanmoins les 3 hectares 13 ares ont produit 134 hectolitres de médiocre qualité.

La pièce du bois (1 hectare 72 ares) que j'ai suivie en couverture le 10 février par l'engrais de commande, n'a pas peu contribué au bon rendement du blé; la gerbe était très bonne: son passage au batteur était marqué par un écoulement de grain plus abondant.

L'engrais employé avait la composition suivante pour un hectare :

Sulfate d'ammoniaque. .   200 kil. (40 kil. d'azote par h.)

Plâtre.   100

Superphosphate de chaux.   100

                      ————

                    400 kilogr.

Au milieu de la pièce, j'avais laissé un triangle de 8 ares livré à ses propres forces. Il n'a pas cessé de *faire tache* par la diminution brusque de végétation qui se manifestait sur sa surface.

Comme cette pièce est la partie en coteau qui fait face à la route qui traverse la propriété, la figure triangulaire attirait forcément l'attention des passants, dont plus d'un m'a demandé l'explication du phénomène.

2° SUR LE MAÏS.

La pièce où j'ai expérimenté, se compose de 4 hectares 35 ares 30 centiares. 2 hectares 84 ares 50 centiares ont été traités par 20,000 kilogr. de fumier, quantité ordinaire adoptée dans le pays. Le reste de la surface a été traité comme il suit :

1° 10 sillons par l'engrais complet n° 5, spécial pour le maïs, uniformément répandu à deux reprises après chaque labour, à la dose de 800 kilogr. par hectare.

2° 20 sillons par l'engrais complet n° 5, mélangé à deux fois son volume de terre répandu dans le sillon ouvert par la charrue pour le dépôt de la semence, à raison de 20 grammes par mètre courant, ce qui fait 200 kilogr. par hectare, les sillons étant espacés de 1 mètre. Dépense, 50 fr. par hectare.

3° 20 sillons, aussi dans les lignes de semence, à raison de 20 grammes par mètre courant d'engrais complet n° 1, beaucoup moins riche en phosphate que le complet n° 5.

4° 15 sillons par de la *colombine*, aussi le long des tiges de semence, à raison de 25 litres par 100 mètres de longueur, ce qui fait 25 hectolitres par hectare et par conséquent 100 fr. par hectare, le prix de la colombine étant dans le pays de 4 fr. l'hectolitre.

5° 10 sillons n'ont reçu ni fumier ni engrais.

Malgré la beauté générale des maïs dans notre vallée de la Save, avec un peu d'attention, il a été facile de reconnaître des différences notables dans les modes d'action de chaque traitement. Le fumier, sauf sur la partie ensemencée en dernier lieu qui reçut une pluie battante, laquelle eut pour effet de tasser la terre qui venait d'être remuée, a partout ailleurs donné un superbe maïs.

Néanmoins le fumier qui avait été répandu en juillet 1868, c'est-à-dire neuf mois avant l'ensemencement exécuté du 10 au 24 avril dernier, a donné et maintenu une plus belle apparence à la plante, ce qui est une nouvelle confirmation du fait que j'ai relaté au sujet du maïs du champ d'expériences.

J'ai remarqué aussi que les 10 sillons traités par l'engrais complet n° 5, uniformément répandu à la dose de 800 kilogr. par hectare, et qui avaient subi dans les mêmes conditions la pluie battante qui avait tassé la partie traitée par le fumier, s'étaient beaucoup mieux relevés, et finalement avaient pris un développement très vigoureux.

Les sillons suivis dans les lignes par l'engrais complet n° 5 sont devenus très beaux. Aussi je crois qu'au seul point de vue de la production du maïs fait en lignes espacées de 1 mètre, il suffit de 20 grammes d'engrais, et sur certaines terres, de superphosphate de chaux seulement par mètre courant; dans ce dernier cas, la dépense se réduit à 40 fr. par hectare.

La colombine est un trop excellent engrais pour n'avoir pas produit de très bons effets, meilleurs même que ceux de l'engrais complet n° 1, dont la dose en phosphate moins forte que dans l'engrais complet n° 5, est insuffisante pour la

belle venue du maïs, dont la dominante est l'acide phosphorique.

Enfin, les sillons sans fumier ni engrais se faisaient remarquer par des tiges moins hautes et moins fortes, et surtout
par des épis plus rares et moins volumineux.

On peut conclure de ce qui précède que, dans les terres
fertiles dites à blé et à maïs, moyennant la dépense très
faible de 40 fr. par hectare de superphosphate de chaux, soit
20 grammes par mètre courant le long du sillon ensemencé,
on pourra obtenir de très beaux maïs et réserver pour le blé
qui doit leur succéder les engrais complets ou seulement
azotés. Le champ d'expériences en permanence indiquera à
quel moment il sera utile d'ajouter tel ou tel élément.

X

Expériences établies sur 14 ares consacrés à la consommation du ménage, et comprenant : fèves, pois, ail, haricots et pommes de terre.

A la suite de ces 14 ares est une partie de 42 ares 66 centiares laissée aux maîtres-valets pour leur usage et qu'ils traitent par le fumier ordinaire, à raison de 20,000 kilogr. par hectare.

Fèves. — Elles n'ont rien offert de plus remarquable que celles traitées par le fumier ; fort belles de part et d'autre.

Pois. — Ont donné une récolte très abondante et d'une superbe qualité ; fumier très distancé.

Ail. — Jamais je n'ai récolté un ail aussi beau : les pommes les plus grosses de celui des maîtres-valets ne valaient pas les plus menues du mien.

Haricots. — Récolte peu abondante, mais de qualité supérieure ; celle des maîtres-valets a valu la mienne. Il y a peu à compter sur ce produit, car il exige, dans toutes les périodes de son délicat développement, une régularité d'humidité que l'irrigation seule peut procurer.

Pommes de terre. — La récolte des maîtres-valets a dépassé la mienne et d'une manière notable. Par inadvertance, les 4 sillons de cette année se sont trouvés sur ceux de

5

l'année dernière où avaient été faites les pommes de terre, et la potasse de l'engrais complet n° 1 n'a pas suffi pour la répétition immédiate de la même culture. Ce fait nous démontre combien est fondée l'opinion de M. Georges Ville, exprimée, dans la page 59 de son rapport sur les résultats de 1868 :

« A cette plante (la pomme de terre), dit-il, il faut une
« faible dose d'azote et une forte dose de potasse. Avec un
« tel engrais (et l'engrais complet n° 3 remplit ces condi-
« tions), le rendement est élevé, la dépense modérée et la
« qualité des tubercules aussi bonne que le comportent les
« conditions météorologiques de l'année, qu'il faut aussi
« prendre en considération. »

XI

Résultats des expériences sur les prairies naturelles.

Deux prairies naturelles ont été soumises aux expériences.

1° Expériences sur la prairie de la rive gauche de la Save :

Epandage en novembre. { Complet n° 1.   700 kil. par hectare.
{ Incomplet n° 1.   600   —

Plâtre répandu en mars..............   1,000   —

2° Expériences sur la prairie de la rive droite de la Save :

Epandage en novembre. { Complet n° 1.   700 kil. par hectare.
{ Incomplet n° 1.   600   —

Epandage en février. ...{ Complet n° 1.   500   —
{ Incomplet n° 1.   500   —

Plâtre répandu en mars.

Les effets des différents engrais, après s'être manifestés dans les premiers mois de leur action par une couleur plus foncée sur les parcelles d'expérienses, ne se sont pas maintenus.

Au moment de couper, aucune différence ne pouvait s'apercevoir, et il n'y a pas eu lieu à effectuer des pesées.

A vrai dire, je m'attendais à ce résultat.

La prairie de la rive droite, située en contre-bas des bâtiments d'exploitation, est saturée, depuis des siècles, de tous les éléments nécessaires à la végétation : elle donne tous les ans le maximum qu'il soit permis d'espérer, sans irrigation, d'une prairie hors ligne.

La prairie de la rive gauche est affermée, depuis quatre ans, à trois petits cultivateurs qui, après en avoir retiré le foin, y mettent aussitôt, et sans interruption, leurs bœufs, vaches et moutons, jusqu'à la nouvelle pousse. Ainsi continuellement tourmentée, la végétation reste languissante, et il n'est pas surprenant que les engrais soient impuissants à lui communiquer la vigueur qu'elle pourrait avoir sous un régime moins rigoureux.

Il y a donc lieu à établir de nouvelles expériences dans les conditions normales auxquelles sont assujetties les prairies naturelles qui, d'ailleurs, sont d'une très petite importance dans mon exploitation.

XII

Résultats des expériences : 1º sur les vignes ; 2º sur les arbres et arbustes ; 3º sur le potager ; 4º sur les plantes d'agrément.

1º SUR LES VIGNES

Deux expériences ont été faites sur de jeunes *plantiers* de trois ans : la première sur une parcelle excessivement aride de la vigne dite *du Verger; bordée par une rangée de chênes très vigoureux ;* ceux-ci ont tout absorbé, et les souches ont bien de la peine à végéter même tristement sous les branches de leurs redoutables voisins.

La seconde expérience a été faite sur un plantier de *pinot et de gamai de Bourgogne ;* l'engrais ne l'a pas cédé à la colombine dont j'ai fait usage. La jeune vigne est vigoureuse dans toute ses parties, et il y a lieu d'attendre, pour comparer la durée des effets, des deux modes d'alimentation et apprécier à sa juste valeur l'action de l'engrais.

La vigne en plein rapport, dont j'ai traité cent souches par l'engrais chimique, a une contenance de 1 hectare. Avant mon arrivée, la maladie que détruit le soufre (et Dieu me garde de connaître la nouvelle !) ravageait cette vigne au point de réduire à zéro la vendange. Deux soufrages énergiques, pratiqués annuellement avant et sur la floraison, firent merveille ; dès la première année, j'en retirais 40 hectolitres. Il y a deux ans, j'ai suivi, par du fumier ordinaire, les parties faibles qui embrassaient bien la moitié de la contenance, et je n'ai pas touché à l'autre partie, qui est d'une vigueur dont on n'a d'exemples que dans les bons fonds du bas Languedoc. Le produit de l'année dernière a été de 60 hectolitres ; la récolte que je viens d'enlever a été de 52 hectolitres. Qu'a produit l'engrais au milieu de cette abondance et sur un sol récemment enrichi ? Evidemment peu de chose encore sur le rendement en raisin : mais les cent souches traitées ont pris un aspect vigoureux et une végétation d'un beau vert foncé, qui les faisait marquer vivement sur le reste de la vigne. Je n'hésite donc pas à penser que sur les vignes qui ont besoin d'éléments de fertilité, et le nombre en est grand dans nos contrées, les engrais chimiques feront merveille.

2° ARBRES ET ARBUSTES

Les résultats ont été très accentuées. — Les 6 érables ayant deux ans de plantation l'emportent en végétation sur les autres du même âge ; la première gelée du 5 octobre, qui a fait tomber un grand nombre de feuilles de ces derniers, ne semblait pas, quinze jours plus tard, avoir éprouvé ceux qui ont reçu la dose indiquée, 500 grammes d'engrais complet.

Une haie d'aubépine, ayant quatre ans de plantation, entoure la maison d'habitation : une partie, sur à peu près 20 mètres de longueur, s'obstinait à rester chétive ; 100 grammes d'engrais complet n° 4 par mètre courant, ont mis fin à cette obstination : la haie sera bientôt régulièrement belle sur tout son pourtour

3º POTAGER

Je conseille aux amateurs de beaux et bons melons l'engrais complet nº **2**, à raison de 20 à 25 kilogr. à l'are. La planche que j'ai traitée de cette manière l'a emporté de beaucoup en qualité et en quantité sur sa voisine soumise au régime ordinaire. Dans le potager proprement dit, qui, vu le voisinage de Grenade où je fais mes provisions, a chez moi très peu d'importance, je n'ai pu expérimenter cette année que sur le persil, cette petite plante qui entre dans toutes le sauces vraiment méridionales. Deux planches ont été faites dans les mêmes conditions, le 9 février, jour du mardi-gras : on prétend que le persil semé à cette époque a la faculté précieuse de ne pas fleurir de deux ans. Quoi qu'il en soit, le persil n'a pas fleuri de cette année : mais la planche traitée par l'engrais complet nº **2**, à la dose de 25 kilogr. par are, a pris sur sa voisine une écrasante supériorité.

4º PLANTES D'AGRÉMENT

L'expérience a été faite sur deux petits massifs de violettes. Celles qui ont reçu l'engrais ont pris un développement et une couleur tout à fait inusités. Jardiniers-fleuristes de Saint-Jory et de Lacourtensourt (1), qui avez la renommée des belles violettes, n'hésitez pas à essayer les engrais chimiques sur vos charmantes productions.

Sur les lauriers roses, les effets n'ont pas été moindres. Ceux qui n'ont pas reçu d'engrais ont une couleur plus pâle et ont donné bien moins de fleurs. Les deux orangers de moyenne grandeur qui ornent la cour d'agrément présentent

(1) Localités au nord de Toulouse.

un phénomène qui frappe tous les regards. Celui qui a reçu
400 grammes d'engrais complet n° 1 offre une végétation
splendide : il est d'un vert foncé tournant au noir, et se
couvre constamment (15 octobre) de nouvelles fleurs largement épanouies et très odorantes ; or, jusqu'à ce traitement, il était demeuré le plus chétif. Au contraire, son com-
pagnon qui n'a pas reçu d'engrais semble, par le contraste
qui s'est manifesté, avoir perdu ce que l'autre a gagné : sa
couleur tourne au jaune citron et ses fleurs s'étiolent rapidement. 400 grammes d'engrais complet n° 1, qui lui
seront administrés à sa sortie de la serre, au printemps
prochain, lui donneront la vigueur et la santé qui commen-
çaient à lui faire défaut.

FIN DE LA PREMIÈRE PARTIE.

DEUXIÈME PARTIE

RAPIDE TRANSFORMATION DU DOMAINE

PAR LE SYSTÈME GEORGES VILLE.

I

Division et ancien assolement du domaine basé sur une forte production de fourrage et de fumier.

Il y a trois ans, j'eus l'honneur de publier dans la *Revue agricole du Midi* un article sur l'organisation que j'avais adoptée pour mon domaine de la Beaute. C'était l'époque des assolements *réguliers* avec cultures *améliorantes, neutres ou épuisantes*. Un nombreux bétail d'élevage était chargé de produire les fortes fumures qui sont nécessaires quand on veut sortir des anciennes coutumes biennales et triennales ; c'était aussi l'époque des controverses sur le libre-échange, du bas prix des céréales, et, par contre, des prix fort élevés des fourrages et surtout du sainfoin : et puis on travaillait à une entreprise qui m'intéressait au premier chef, à la première ligne du canal d'irrigation de Saint-Martory, et il semblait que, sous peu de temps, toute la zone jusqu'à Grenade allait jouir de ce bienfait. Illusions ! Les cours ont repris leur allure habituelle ; on n'entend plus parler du canal, et de terribles sécheresses sont venues m'apprendre combien peu, sans irrigation, il faut compter dans notre Midi sur la *stabilité* d'un système agricole reposant sur une abondante production de fourrages.

Il a donc fallu chercher une autre voie de prospérité. Je dois dire, avant tout, qu'il s'agit d'un petit domaine de 50 hectares, situé dans d'excellentes conditions d'exploitation : aussi n'ai-je nullement la prétention de présenter un exemple à suivre, une doctrine à embrasser. Je vais exposer simplement le cas qui me concerne, en laissant aux chercheurs le soin d'en tirer pour eux-mêmes les conclusions qui leur sembleront le plus avantageuses.

Je n'hésitai pas, dès mon arrivée en 1861, à consacrer à la vigne tous les terrains légers ; les terres labourables profitaient seules des fumiers produits par l'exploitation, et je suivais périodiquement le vignoble par des engrais pulvérulents (colombine, guano, etc.). Le domaine fut ainsi divisé après le défrichement de 7 hectares de bois convertis en vignes et en terre labourable :

Vignobles			15ʰ36ᵃ30ᶜ
Terres labourables.	Ménage, maîtres-valets	56ᵃ90ᶜ	
	Terres labour. de l'exploitat.	25ʰ60ᵃ50ᶜ	30ʰ45ᵃ70ᶜ
	Sainfoins	3ʰ98ᵃ30ᶜ	
Prairies naturelles, bords de Save, peupliers			2ʰ27ᵃ60ᶜ
Jardin, cour, allées, vivier, sols, constructions			2ʰ27ᵃ60ᶜ
Total en nombre rond			50 hect.

J'avais divisé les terres labourables en deux soles de six pièces, chacune ayant l'assolement de six ans suivant :

1re année. Plante sarclée fumée. 4e année. Trèfle.
2e   —   Vesces pour fourrage. 5e   —   Avoine.
3e   —   Blé.   6e   —   Blé.

Pour la succession du blé à l'avoine sur le trèfle, je suivais le conseil de Mathieu de Dombasle, qui, sur un rompu de trèfle, recommande ce procédé.

L'exagération fourragère m'avait conduit à mettre, à la première année, du maïs pour fourrage comme plante sarclée, et à consacrer au sainfoin 7 hectares 40 ares au détriment des terres de l'exploitation soumises à l'assolement, lesquelles se trouvaient ainsi réduites à 22 hectares 20 ares.

J'avais donc en fourrage :

Prairies naturelles, bordures de la Save 2ʰ27ᵃ60ᶜ
Sainfoin.. 7ʰ39ᵃ70ᶜ
Fourrage de l'assolement : maïs, vesces, trèfle et farouch. 11ʰ09ᵃ55ᶜ

Total.......... 20ʰ76ᵃ85ᶜ

Je ne produisais en paille que 11 hectares 9 ares 55 centiares, savoir :

Le tiers en blé..................... 7ʰ39ᵃ70ᶜ
Le sixième en avoine.............. 3ʰ69ᵃ85ᶜ

11ʰ09ᵃ55ᶜ

J'entretenais en animaux de travail ou d'élevage 20 à 22 grosses têtes ; j'affermais, comme je pouvais, du sainfoin sur pied et je vendais celui qui, à la fin de l'année, n'était pas consommé. Quant au blé, après avoir prélevé pour les gages des maîtres-valets et des solatiers loués pour les trois mois d'été, ce qui leur revenait, il m'en restait très peu à porter au marché. Je n'avais pas toujours assez d'avoine pour mes attelages. Au point de vue de l'ancienne théorie, je touchais à la perfection, mais très peu aux écus.

La production fourragère est pleine d'incertitude. On ne

réussit pas toujours un sainfoin à la naissance ; la cuscute peut l'envahir. Les deuxièmes coupes sont souvent infectées de négril : presque tous les ans, la sécheresse réduit de beaucoup les rendements : les transactions de fermage ne se font guère que pour un an : le cours en est excessivement variable ; pour peu que le sainfoin mis en magasin ait souffert en le récoltant (et les premières coupes y sont très sujettes), on en offre des prix insignifiants. Il y avait donc imprudence, pour ne pas dire plus, à compter, au détriment des céréales, sur une récolte fourragère soumise à tant de dangers et d'oscillations. Ma première réforme fut de réduire mes fourrages :

Prairies naturelles, bordures de la Save....	2ʰ27ª60ᶜ
Sainfoin...............................	3ʰ98ª30ᶜ
Fourrage de l'assolement................	7ʰ39ª70ᶜ
	13ʰ65ª60ᶜ

Je mettais du millet pour grain à la plante sarclée au lieu de millet pour fourrage, et j'augmentais de 3 hectares 41 ares 40 centiares la terre consacrée aux céréales : mais j'avais encore mes 20 ou 22 bêtes dans les écuries ou dans les étables, et malgré des fumures *que je croyais abondantes,* mes rendements généraux étaient loin d'augmenter proportionnellement aux sacrifices que je m'imposais. Il est vrai que je ne connaissais encore que la vieille maxime : *Pas de culture intensive* (la seule rémunératrice) *sans fumier de ferme.*

Est-ce à dire que ce travail opiniâtre, avec la seule perspective rassurante du vignoble que j'ai créé, n'ait rien produit ? Loin de là. Mes terres étaient dans un état affreux de malpropreté : je suis parvenu, non pas à supprimer les mauvaises herbes (*la chose n'est pas possible* dans les riches boulbènes de nos vallées), *mais à les dominer.* Les fumiers, les terreaux, les défrichements des sainfoins, les terrassements pour l'écoulement des eaux, l'ameublissement des terrains forts par des défoncements et des fourrages enfouis en vert, les parties trop sablonneuses rendues plus compactes par des transports d'argile, des labours répétés, profonds et toujours à pleine prise, cet ensemble si améliorant d'exploitation, qu'un nombreux bétail seul peut exécuter, a établi pour mon domaine une base solide capable de résister à la *violente attaque* que je lui prépare.

J'ai encore à supporter deux ans d'attente avant de pouvoir compter sur un beau revenu des vignes. Eh bien, *pendant cette période*, il faut que les terres labourables parfaitement prêtes pour la lutte, dont l'état physique ne laisse plus rien à désirer et dont le tempérament a été si ménagé jusqu'à ce jour, prennent leur revanche en donnant toutes ensemble, et d'une seule haleine, ce que je n'exigeais d'elles que périodiquement et à doses réglées.

Oui ! c'est la poule aux œufs d'or que je veux éventrer : c'est la mamelle que je veux tarir jusqu'à la dernière goutte. Mais rassurez-vous : nous savons aujourd'hui ce que nous devons rendre à la terre après son travail. Elle sortira de cette rude épreuve plus fertile et prête à reproduire les forts rendements par lesquels elle va passer. Donnez-lui largement les soins physiques qui lui conviennent ; sachez la tenir propre, même quand elle produira la céréale : et quant à la *fumure*, appliquez-lui le système de M. Georges Ville. Apprenez à approprier, aux conditions de culture dans lesquelles vous opérez, cette grande puissance des engrais chimiques.

C'est grâce à cette puissance et à la bonne préparation que mes travaux antérieurs ont donné à mes terres labourables, que je n'hésite pas à les soumettre au régime exceptionnel que je vais développer.

Adoption d'un assolement moins riche en fourrage.

A peu près à pareille époque, l'année dernière (1), je songeais aux moyens d'augmenter la surface consacrée aux produits du grand commerce, aux céréales et surtout au blé. C'est alors que je pris la résolution de recourir aux engrais chimiques. Je vis immédiatement tout le parti que je pouvais tirer du système de M. G. Ville, et j'organisai aussitôt une série très complète d'expériences pour pouvoir passer, dès la campagne suivante, à l'emploi en grand des engrais chimiques.

Je n'hésitai pas à renverser complétement l'économie de mon exploitation : je savais que je marchais à la suite des plus grands agriculteurs français : j'étais convaincu, et l'admirable logique avec laquelle se sont manifestés tous les phénomènes de ma première année d'expérimentation est venue me prouver que je n'avais pas eu tort d'entrer immédiatement dans la nouvelle méthode.

Plus d'assolements réguliers ; plus d'animaux spéciaux pour produire du fumier, mais les seuls animaux nécessaires pour effectuer les travaux soit des champs, soit du vignoble. En un clin d'œil mes étables se vident et ma caisse

(1) Octobre 1868.

s'emplit. Je ne garde que deux mules, deux chevaux, la ju-
ment de service et deux paires de bœufs. Les fourrages et
les pailles en réserve pour les animaux d'élevage sont ven-
dus et aussitôt enlevés. Les semences terminées, nos deux
paires de bœufs partent, et je reste réduit pour les travaux
de l'hiver aux mules et aux chevaux. Quatre mois plus tard,
en mars, s'il faut des paires de bœufs supplémentaires, on va
se remonter à l'Isle-en-Jourdain d'excellents bœufs gascons.
On en achète une, deux ou trois paires, suivant le travail
prévu, en une fois ou à plusieurs reprises ; plus tard on
revendra. Du reste, si quelque courte besogne inattendue se
présente, avec 6 fr. par jour on se procure un bouvier avec
sa paire pour le peu de temps où il est reconnu nécessaire.
En un mot, plus de préoccupation au sujet du fumier à produire ; je me réduis aux seuls animaux de travail, et je sup-
plée au fumier par les engrais chimiques.

Partant de ces principes, voici comment la production
s'est modifiée dans la campagne que nous venons de clore :

Totalité des terres labourables de l'exploitation			25h60a50c
Sainfoin, prairies naturelles			6h25a90c
Fourrages pour l'exploitation.	Vesces sèches	1h70a70c	6h85a90c
	Sainfoin, la première coupe seulement.	3h98a30c	
	Prairies naturelles, bordures de la Save	56a90c	
	Maïs, fourrage, seigle et farouch en vert	60a	
Fourrage affermé.	Prairies naturelles	1h70a70c	6h51a25c
	Sainfoin, après la 1re coupe que j'ai gardée	3h98a30c	
	Farouch	82a25c	
Blé...... 11h38a Avoine... 3h12a95c	Total paille		14h50a95c
Millet pour grain			7h96a15c

Paille pour l'exploitation........................... $5^h40^a55^c$

Paille à vendre............... .... $9^h10^a40^c$

Nous voilà déjà bien loin de nos timides assolements et de la situation que j'ai décrite. Cette première étape se recommande per la création du champ d'expériences, par l'expérimentation générale établie sur le domaine, et par quelques hectares de blé et de maïs que j'ai traités par les engrais chimiques.

J'ai dépensé pour ce travail 421 fr. d'engrais chimiques, venus de la maison Joulie et Cie.

Comment se trouve organisée la préparation de la campagne prochaine pour les $25^h60^a50^c$ de terres labourables?

Il faut distinguer quatre séries de pièces :

1° Les pièces de maïs qui, pour cette récolte, ont reçu du fumier :

2° Celles qui vont recevoir le fumier actuellement en réserve ;

3° Les pièces qui, par leur rang dans l'assolement ou par des traitements antérieurs (terreaux, défrichements de sainfoin), étaient destinées régulièrement à produire du blé :

4° Enfin, celles que je vais traiter par les engrais chimiques.

Les trois premières séries se composent de $14^h22^a50^c$: il reste par conséquent, pour la quatrième, $11^h37^a55^c$ en blé ou en avoine à la dernière récolte : $1^h42^a25^c$ en avoine, $9^h95^a30^c$ en blé.

Eh bien! toutes ces terres, indistinctement, vont être ensemencées en blé.

L'année suivante, même tour de force : seulement, aux pièces qui me paraîtront susceptibles de devenir sales, je mettrai de l'avoine, dont la puissance étouffante est incontestable, et je conserverai encore le blé dans les autres. Je réserve intégralement pour l'exploitation toutes les coupes des 3ʰ78ᵃ30ᶜ, le sainfoin et le foin des prairies naturelles, avec la paille et l'avoine nécessaires à cinq animaux de travail, car, après les semences, je n'ai plus besoin d'animaux supplémentaires qu'au mois de juillet prochain, après la moisson.

III

Changement complet de méthode. — Engrais chimiques employés pour cette transformation.

Voilà donc la totalité des terres labourables du domaine, 25 hectares 60 ares 50 centiares, ensemencés en blé et destinés à un régime analogue (sauf quelques avoines) pour l'année suivante. Je dirai plus tard comment, à l'aide d'instruments spéciaux que je mets en fonctionnement dès cette année (semoir et houe à cheval Garrett), j'espère pouvoir arriver à sarcler économiquement les blés les plus sales, et maintenir, pendant trois et quatre ans de suite, du blé sur la même pièce, avec les forts rendements que procurent seuls les engrais chimiques (35 à 40 hectolitres par hectare).

Je suis parvenu très simplement et sans bourse délier à me procurer, pour les semences actuelles, les animaux nécessaires au travail si en dehors des conditions ordinaires de mon exploitation. Je n'ai à moi que trois paires dans les champs, mais en parfait état : une paire de superbes mules du Poitou, une paire de chevaux et deux paires de bœufs gascons. J'ai affermé sur pied les tiges et crêtes de mes 8 hectares de maïs, moyennant huit journées de travail d'une paire de bœufs par hectare affermé. Les petits cultivateurs, très amateurs de ce fourrage (excellent d'ailleurs pour la nourriture du bétail à cornes), ont accepté avec empressement ; il leur semble que de cette manière le fourrage ne leur coûte rien. J'ai pu me procurer de la sorte trois paires provisoires qui me feront 64 journées de travail, conjointement avec mes animaux.

N'oublions pas qu'une grande partie des 15 hectares de mon vignoble n'aura de produits abondants que dans deux ans, et que, pendant cette période d'attente, mon but est d'extraire des terres labourables les rendements les plus lucratifs. Avec les procédés ordinaires, cette prétention ne pourrait se réaliser ; on arriverait certainement à anéantir pour longtemps la fertilité du sol.

Avec le système de Georges Ville, je porte cette fertilité à son plus haut degré, tout en retirant les récoltes les plus épuisantes.

Je passe à la distribution des engrais sur les 11 hectares 37 ares 55 centiares, auxquels ils sont appliqués aux semences actuelles. Les indications de mon champ d'expériences m'ont appris que j'ai affaire à des terres qui n'ont pas besoin de fortes doses d'azote et qu'elles sont pourvues des éléments minéraux. Néanmoins, comme sur un sol fertile ces indications ne peuvent avoir au début la précision qu'elles ne manquent pas d'acquérir à la deuxième ou à la troisième année, j'ai cru prudent, pour maintenir l'équilibre qui doit exister entre l'élément azoté et l'élément minéral, de recourir à deux engrais complets dosés et tarifés comme il suit (1) :

1º Pour les deux pièces (3 hectares 12 ares 95 centiares),

(1) *Plus tard, en traitant par les dominantes seules, suivant les cultures et les terrains, la dépense sera considérablement diminuée.*

qui, par la dernière récolte (blé) et par leur rang extrême dans l'assolement, auraient eu besoin d'une forte fumure :

Engrais complet de commande, marqué n° 1 : 1,000 kilog. à l'hectare, 60 kilog. d'azote par hectare.

Salpêtre brut.........	200 k.	66 fr. 50 les 1000 k.	133 fr.	»
Sulfate d'ammoniaque.	160	46	—	73	60
Superphosp. de chaux.	300	16	—	48	»
Sulfate de chaux.	340	2	—	6	80
Mélange et pulvér. de 1000 k.		1 fr. 50 les 100 k.	15	»
		A l'hectare.	276 fr.	40

Soit, 27 fr. 65 les 100 kilog.

2° Pour les autres pièces, dont 6 hectares 82 ares 35 centiares en blé et 1 hectare 42 ares 25 centiares en avoine, à la dernière récolte :

Engrais complet de commande, marqué n° 2 : 850 kilog. par hectare, 40 kilog. d'azote par hectare.

Salpêtre brut.........	150 k.	66 fr. 50 les 1000 k.	99 fr. 75
Sulfate d'ammoniaque.	100	46	—	46	»
Superphosp. de chaux.	300	16	—	48	»
Sulfate de chaux.....	300	?	—	6	»
Mélange et pulvér. de 850 k.		1 fr. 50 les 100 k.	12	75
		A l'hectare.	212 fr.	50

Soit, 25 fr. les 100 kilog.

N° 1. 3130 k.	27 fr. 65	865 fr. 45
N° 2. 7345 k.	25 fr. »	1836	25
Total (1)........		2704 fr. 70 d'engrais chimiques.

(1) Il est bien entendu que dans chaque pièce soumise aux engrais chimiques, on laissera 4 ou 5 ares, où l'en n'en répandra pas, pour avoir partout des termes de comparaison sur les effets produits.

Ajoutons **300 fr.** pour camionnage, sacs (que l'on reprend) et transport de Paris à Toulouse, et nous arrivons au chiffre rond de 3,000 fr. Ce chiffre, qui, au premier abord, pourrait paraître excessif, n'a rien qui puisse surprendre après les explications que j'ai données. Sans parler des 35 à 40 hectol. de blé par hectare que produisent communément les engrais chimiques, c'est sur l'ensemble qu'il permet de réaliser, sur le but qu'il fait atteindre, qu'il faut juger de ce chiffre. Restreindre la comparaison à quelques ares traités d'une manière ou d'une autre, sans en suivre les grandes conséquences qui en découlent pour l'économie générale du domaine et de sa production, ce serait étouffer la puissance nouvelle que la science nous a dévoilée. Comparez le cercle de fer de ma première organisation au libre essor que la nouvelle méthode me procure, et vous ne serez pas surpris de me voir en adopter si résolûment les principes.

En résumé, avec mes **25** hectares 0 ares **5** centiares constituant la totalité de mes terres labourables, et sans forcer les chiffres, je peux produire à la récolte prochaine :

14,000 fr. de blé, à **20** fr. l'hectolitre: 2,700 fr. de paille (la valeur des engrais employés), à 3 fr. 6 c. les 100 kilos.

Un produit analogue se répétera l'année d'après, et mon sol sera plus fertile. Je peux donc voir venir, comme on dit vulgairement, tout en restant maître de cesser, si les circonstances viennent à l'exiger, cette forte tension que je ne pense pas d'ailleurs accepter comme un régime définitif, mais comme une période de transition fort avantageuse pour le cas qui me concerne et qui montre bien, je crois, les immenses ressources de l'application radicale et complète du puissant système M. Georges Ville.

IV

Nouvelle organisation du travail. — Batteuse à vapeur Garrett. — Moissonneuse Samuelson. — Semoir Garrett dit Chambers pour répandre les engrais à la volée.

La première réforme importante que j'ai dû introduire pour opérer la transformation du domaine a été de désintéresser les ouvriers de la part proportionnelle qu'ils recevaient en nature sur les diverses récoltes. Dans une propriété peu sujette à variations, comme dans les coutumes primitives des systèmes biennal et triennal, dont le fonds même est le *statu quo* le plus radical, ce mode de rémunération a sa raison d'être. Tous les ans, ce sont les mêmes cultures, en même quantité, par conséquent les mêmes travaux de moisson à exécuter et le même nombre d'ouvriers nécessaire au chantier. — Presque toujours avec ces vieux principes, le propriétaire occupe une autre fonction sociale, à moins que le domaine ne soit assez considérable pour lui donner quand même de forts revenus, auquel cas, s'il n'est pas ambitieux, il ne fait rien. La terre n'est pour lui qu'une masse qu'on ne peut enlever, rendant ce qu'elle peut et traitée avec la parcimonie la plus minutieuse. Un paysan sachant à peine signer, sous le nom d'*homme d'affaires*, dirige l'exploitation et sait y faire ses choux gras. — Les ouvriers généralement mal rétribués en argent, pour les journées indispensables pendant lesquelles on les occupe, doivent pourtant trouver de quoi vivre. C'est sur les paiements en nature qu'on leur fait prendre leur revanche. Ils ont parfaitement le temps de rester deux et trois mois sur un sol, battant au fléau chez les plus arriérés et les plus intraitables, au rouleau chez ceux qui, plus humains, préfèrent charger de cette rude besogne leurs animaux que leurs semblables. — De pareilles longueurs n'auraient pas de fin si les ouvriers n'étaient pas intéressés directement à terminer pour toucher leur part de récolte, qui varie, suivant les conventions, du huitième au dixième pour le froment.

Quand on travaille à passer du *propriétarisme à l'industrie agricole*, la fixité des opérations s'évanouit : on n'a pas de temps à perdre, tout doit être fait vite et bien : il faut des machines, et, au lieu de chercher à faire contribuer les *solatiers* aux charges du nouvel aménagement par des proposition d'une mesquinerie ridicule, mieux vaut les désintéresser et les mettre aux gages fixes pour les trois mois d'été. Avec une bonne organisation dirigée par un chef ouvrier un peu plus rétribué pour sa fonction, les journées sont bien remplies, et certes elles sont assez longues, pendant la saison de la moisson, pour n'avoir pas à regretter les excès de travail auxquels se condamnent par leur rapacité les ouvriers copartageants.

D'ailleurs, cette combinaison ne mène pas, du moins dans nos contrées, à des surprises insurmontables. Tout homme que je gage pour les trois moins de juin, juillet et août, gagne 6 hectol. de blé et 150 litres de vin; une femme gagne 4 hectol. de blé et 75 litres de vin. Le prix de la journée d'un homme est de 1 fr. en toute saison : le prix d'une journée de femme varie de 60 à 90 centimes, suivant la saison et le genre de travail. Les ouvrières supplémentaires qu'il faut prendre pour faire la javelle ou servir la batteuse, gagnent jusqu'à 2 fr. 50 ; mais ce n'est qu'un *interim* de peu de durée. Pendant les trois mois de gages, j'ai le droit d'occuper le personnel à n'importe quel travail, en se conformant aux heures dont le tableau est en permanence à un endroit spécial.

Cette modification dans les salaires accomplie, la première machine adoptée a été la batteuse à vapeur. Grâce à elle, l'opération la plus longue et la plus absorbante se réduit à quelques jours et s'effectue à la perfection, surtout par l'admirable batteuse Garrett, avec 8 chevaux de force à la locomobile. Le temps est proche où des groupes de 3 ou 4 propriétaires se formeront pour l'achat de batteuses à vapeur.

Il y a longtemps que l'on cherchait une moissonneuse simple, solide, *bien équilibrée* et peu coûteuse. Le problème a été résolu par Samuelson, qui a doté l'agriculture d'une machine parfaite sous tous le rapports. C'est par centaines que les commandes arrivent à M. Pilter, réprésentant à Paris, quai de Jemmapes, 212, des plus forts constructeurs agricoles de l'Angleterre.

Quel que soit le système suivi, ces deux machines deviennent obligatoires pour tout propriétaire désireux d'être le plus tôt possible en possession des ses récoltes ; elles sont indispensables à l'agriculteur, à qui elles permettent de réaliser les travaux d'amélioration et de transformation. — Il est à remarquer que c'est principalement des propriétaires les plus arriérés et les moins disposés au progrès que vient sans cesse l'éternelle plainte du manque de bras : et cela est tout naturel, car ils sont obligés de subir l'augmentation des salaires qu'entraînent les méthodes perfectionnées, sans que, de leur côté, ils participent aux avantages qu'elles procurent : c'est comme un malade qui paie le peu de pain qu'il peut manger aussi cher que s'il se portait bien.

La moissonneuse et la batteuse recueillent : il y a des machines qui préparent la récolte. Je n'ai pas à parler des instruments généralement employés (charrues, herses, rouleaux, tourne-oreille, grappins, défonceuses, etc., etc.) qui constituent ce groupe.

Les trois appareils nouveaux que j'ai actuellement en expérimentation sont : 1º *le semoir Chambers,* pour répanles engrais *à la volée* : 2º *le semoir Garrett,* pour semer *en lignes* les céréales : 3º *la houe Garrett,* pour sarcler à l'aide d'un cheval les céréales semées en lignes par le semoir Garrett, à la distance voulue pour cette opération.

Ces trois appareils sont la conséquence immédiate de de l'adoption des engrais chimiques, au moins dans les conditions extrêmes que je me suis imposées à dessein et qu'il ne faut pas perdre de vue.

Les engrais chimiques doivent être répandus d'une manière parfaitement régulière à la surface du champ : aussi le semoir Chambers est-il indispensable pour opérer rapidement un épandage parfait. S'il ne s'agit que d'un emploi restreint d'engrais chimiques, il suffit de les mélanger à leur volume de terre et de les répandre à la volée à main d'homme sur la surface préalablement mesurée pour la dose déterminée. Mais cette opération devient fort longue et se fait très mal sur de grandes surfaces. Au contraire, avec un appareil mené par un cheval et que l'on peut régler de manière à faire répandre par la marche même précisément la dose voulue par hectare, les engrais bien pulvérisés et parfaitement mélangés n'exigent pas d'être associés à leur volume de terre, et leur distribution uniforme s'opère avec une précision mathématique.

Le *semoir Chambers* réalise la perfection dans ce travail : la boîte d'où s'échappe l'engrais descend à environ 20 centimètres de terre et l'on peut semer même par les plus grands vents.

Il se gradue facilement de manière à répandre depuis 200 kilog. à l'hectare jusqu'à 3,000 kilog. et plus. On peut à volonté répandre à la volée ou en lignes. Avec un surcroît de 75 fr., on peut le rendre applicable même sur les terres qui présentent des accidents de niveau importants.

Les engrais chimiques de la maison Joulie sont préparés de manière à rester toujours parfaitement secs : ils ne collent jamais : leur conservation et leur épandage sont par conséquent d'un extrême facilité. Le semoir Chambers peut néamoins servir à toutes sortes d'engrais, car sous le cylindre distributeur se trouvent des grattoirs à ressort, dont la pression peut être réglée avec la plus grande facilité selon la nature plus ou moins collante de l'engrais.

Comme tous les appareils sortant du dépôt de M. Pilter, ce semoir est parfaitement construit et d'une solidité remarquable. On peut dire que c'est une puissante horloge mobile. Son prix est de 525 fr. : cette somme est bientôt gagnée par l'économie qu'il fait réaliser sur la main-d'œuvre et par les avantages qui résultent de la perfection qu'il permet d'obtenir dans l'épandage des engrais.

V

**Semoir Garrett pour semer le blé en lignes. —
Sarclage des blés par la houe à cheval Garrett.**

Les livres agricoles contiennent une foule de raisons pour
et contre l'usage des semoirs, ce qui prouve que, en agriculture comme en toutes choses, il n'y a rien d'absolu dans
la pratique.

On peut distinguer deux catégories de semoirs : ceux qui
sèment à la volée et ceux qui sèment en lignes. J'avoue que,
pour semer à la volée, l'utilité d'un instrument me paraît
très problématique. Il n'y a pas d'exploitation qui ne possède un bon semeur, et dans un pays où l'usage de semer en
lignes est pour ainsi dire inconnu, ou du moins réduit à
quelques cas isolés, il n'y a rien de surprenant à ce que nos
praticiens apprennent et réussissent à semer parfaitement.

Si donc je mets en expérimentation sur mon domaine les
semoirs qui sèment en lignes, ce n'est pas que l'opération
mécanique à la volée, exécutée à main d'homme, laisse à
désirer: c'est pour étudier l'influence de l'intervalle qui règne
entre les lignes sur la bonne tenue des blés. Dans les contrées industrielles, toujours les premières à appliquer à
l'agriculture les progrès intellectuels et matériels réalisés,
l'utilité des semences en lignes ne fait plus question : il n'y a
pas de ferme bien tenue qui ne possède un *semoir Garrett*

pour cette opération. Cet instrument, aussi parfait dans son genre que la moissonneuse Samuelson, n'a pas plus de peine à se répandre que celle-ci. De nombreuses commandes arrivent journellement à **M**. Pilter, le représentant par excellence de la grande manufacture agricole anglaise.

M. Joulie, dont les relations incessantes avec les agronomes les plus distingués rendent les conseils fort précieux, m'écrit à ce sujet : « Je suis heureux de voir que vous songez « à l'emploi des semoirs. Ce n'est qu'à l'aide de ces instru- « ments que l'on peut obtenir un travail réellement satisfai- « sant tant pour l'épandage des engrais que pour celui des « semences.

« Le blé semé en lignes et à la profondeur la plus conve- « nable à l'aide d'un semoir est mieux aéré pendant toute sa « végétation. Il s'étiole moins et par conséquent *résiste mieux* « *à la verse.* »

Et plus loin : « Il n'est pas indifférent d'ajouter qu'à « l'aide du semoir, on peut faire une économie d'un quart « environ de la semence, sans diminuer pour cela le rende- « ment. Sur une grande exploitation, cette économie suffit « souvent à payer le semoir dès la première année.

« L'instrument qui réunit au plus haut degré le double « avantage de la perfection dans le travail et du bon marché « est le semoir Garrett, qui vaut 470 fr. à 920 fr., suivant le « numéro que l'on adopte. Celui qui est le plus généralement « employé est le semoir à neuf rangs, de 1^{m},52 de large et « valant 590 fr. »

C'est ce dernier que j'ai adopté. Les intervalles qu'il laisse entre les lignes sont de 15 centimètres. Inutile d'ajouter que l'outil creuse sa ligne, y dépose et y couvre la semence, le tout à la profondeur voulue et avec la plus grande précision.

Les socs chargés de cette opération, étant tout à fait indépendants les uns des autres, suivent les ondulations du terrain, et y déposent la graine avec une parfaite régularité, à la même profondeur, soit à plat, en planches ou en billons. Les coutres sont montés sur une tige en fer et s'écartent ou se rapprochent à volonté.

On peut semer toute espèce de graine moyennant quelques pièces de rechange qui s'installent et se déplacent très facilement. La quantité de graine semée à l'hectare est réglée par des engrenages adaptés sur l'arbre du baril distributeur. Un avant-train sert à conduire le semoir en ligne parfaitement droite. A cet effet, le conducteur dirige la petite roue de l'avant-train dans la trace faite par la grande roue du semoir dans la dernière tournée. Ainsi, au point de vue mécanique, tout a été prévu, et l'appareil remplit parfaitement toutes les conditions exigées pour la perfection dans son fonctionnement.

Avec l'adoption des engrais chimiques, le semoir de blé en lignes offre deux modes d'emploi parfaitement distincts que nous allons examiner :

La plus grave objection que l'on pose dans nos contrées à l'encontre de l'ensemencement en lignes, c'est le développement considérable que les mauvaises herbes peuvent prendre. Semées à la volée, les céréales, dans un terrain bien préparé et richement fumé, arrivent à étouffer les herbes : cela est très vrai pour l'avoine et pour le seigle. Le blé a moins de puissance ; mais on comprend que, dans certaines conditions favorables, il puisse gêner et dominer les herbes qui l'accompagnent ; semé en lignes espacées de 15 centimètres, il laisse une série de zones alternatives, où, débarrassées de son contact, les herbes peuvent grandir à l'aise et l'étouffer.

Quant au sarclage à la main, inutile d'y songer : il doit se réduire à extirper les plantes dont les graines, telles que les *agnelles,* ne passant pas au crible, restent avec le blé qu'elles déprécient. Il faudrait donc, dans le cas de terres sales, s'en tenir à la volée et renoncer à cette aération qui fait que le *blé s'étiole moins et résiste mieux à la verse.* Sur des terres naturellement propres ou rendues telles par des successions de récoltes sarclées ou de fourrages, rien n'empêcherait de semer en lignes et de profiter, par conséquent, des avantages spéciaux qu'offre ce procédé. Mais il ne faut pas oublier que les hivers de notre Midi sont généralement beaucoup moins rigoureux que dans les contrées du centre et du nord de la France, et que, par suite, toute végétation prend un essor rapide et vigoureux dont il est difficile de prevoir les résultats. L'expérience seule peut m'éclairer à cet égard. Je laisse donc de côté toutes les considérations plus ou moins utiles qu'un pareil sujet peut amener ; il me suffit de présenter le plan auquel je me conforme et le but que je poursuis.

Nous venons de voir que le semoir Garrett est muni de socs et de coutres montés sur une tige en fer et qui peuvent s'écarter, se rapprocher et s'enlever à volonté. Les neuf lignes de semence forment une largeur totale d'environ 1^m,12, ce qui fait huit intervalles de 15 centimètres entre les lignes. Par la suppression de six coutres de semence, il va se former trois intervalles de 50 centimètres de large.

Semé dans ces conditions, le blé va pouvoir peut-être passer au rang de plante sarclée. Mais alors se présentent deux questions capitales pour l'adoption de ce procédé :

Première question : Le rendement du blé, semé en lignes espacées de 50 centimètres, sera-t-il assez considérable pour que l'on puisse accepter ce mode d'ensemencement? A quoi je réponds que je l'ignore absolument. Je le répète, je suis en expérimentation.

Deuxième question : En supposant que le rendement soit suffisant, peut-on, économiquement, sarcler le blé ainsi espacé? *Oui,* au moyen de la *houe Garrett,* conduite par un cheval, ou mieux par une mule très docile.

Cette belle machine, dont le prix est de 600 fr., est le complément du semoir. L'essieu est ajustable de manière à pouvoir changer l'écartement des roues qui supportent les extirpateurs; il en résulte qu'elles passent toujours entre les rangs des plantes à nettoyer. Comme chaque pièce de nettoyage a son jeu de levier indépendant, toutes les inégalités de terrain sont parfaitement suivies. Nous retrouvons toujours cette perfection mécanique au service du travail à exécuter. Cet appareil n'est que préventif, c'est-à-dire qu'il ne peut et ne doit être employé que pour extirper les herbes dans la première période de leur croissance. Quand les blés ont atteint 30 à 40 centimètres de hauteur, il ne faut plus songer à y pénétrer, et, quand on est à ce travail, il est bon de faire conduire l'animal à la main par un ouvrier spécial, tandis qu'un autre s'occupe exclusivement du fonctionnement de la machine. Autant de zones entre les lignes ont été laissées par le semoir, autant sont nettoyées à chaque passage de la houe : l'opération peut donc s'exécuter très rapidement. — Il faut se garder de ne pas ensemencer les extrémités des pièces (appelées *contournières*) où doit s'effectuer, à chaque tour, la manœuvre de rentrée et de sortie. Le mieux est d'ensemencer ces passages à la volée : le piétinement de l'animal pourra blesser quelques pieds qui, à partir de l'époque où il faudra cesser ce travail de sarclage, auront parfaitement le temps de se rétablir et de taler.

Cet appareil parviendra-t-il, avec toute sa perfection, à dominer les herbes? Pourrai-je l'adopter? Questions auxquelles l'expérience seule trouvera réponse.

Me voilà donc en possession d'une machine dont la fonction est d'opérer économiquement le sarclage des céréales. Supposons que le but est atteint, et voyons le parti que je m'efforce d'en tirer au point de vue spécial où je me suis placé.

VI

Expérimentation des nouveaux appareils.
Conséquences.

L'usage de disposer les terres en petits billons séparés par autant de rigoles a décidément disparu de nos contrées. Des pentes générales données soit par des terrassements, soit par le seul travail de la charrue ordinaire ou du *tourne-oreille* assurent l'écoulement des eaux à l'aide de raies-mères convenablement distribuées ; dès lors on laboure à plat et toujours à pleine prise. On répand à la volée, en deux jets consécutifs, toute la quantité de semence voulue sur le dernier labour effectué au moment même de l'ensemencement, et l'on recouvre le grain par le passage successif de deux herses Walcourt, après avoir donné, avant ou après le labour, un coup de herse ordinaire si c'est utile. Ainsi disposées, les terres se prêtent parfaitement au fonctionnement des nouveaux appareils que nous fournit la mécanique agricole : râteau Howart, moissonneuse Samuelson, semoir d'engrais Chambers, semoir et houe Garrett, etc.

Pour être complète et concluante, l'expérimentation mécanique du semoir et de la houe Garrett doit embrasser les différents cas qui peuvent se présenter dans la culture.

M. Th. Pilter, toujours disposé à favoriser par tous les moyens en son pouvoir les essais des machines dont il est le détenteur, me laisse beaucoup de latitude pour effectuer minitieusement ce travail. Ce n'est qu'après les résultats obtenus et les décisions qui en seront la conséquence, que j'aurai à me prononcer sur l'adoption ou le rejet des appareils : dans ce dernier cas, il veut bien consentir à être de moitié dans les frais de retour. Il a parfaitement compris qu'il y avait à juger non-seulement d'une opération mécanique, mais encore et bien plus d'une de ces réformes intimes en présence desquelles les exigences ordinaires doivent être atténuées.

Si le blé doit être semé sur des pièces dont les résidus de la récolte précédente ou des fumiers sont parfaitement consommés, le fonctionnement des appareils ne sera pas plus gêné que sur une jachère bien préparée. Sur les terres *qu'on n'aura pu fumer* qu'au moment des semences, sur celles que l'on n'aura pas débarrassées des résidus, tels que racines et tronçons des tiges de maïs, les appareils pourront peut-être s'engorger : mais ce cas semble avoir été prévu, car l'instruction pour leur emploi recommande de les faire suivre par un ouvrier muni d'une pique pour dégager au besoin les socs de la terre, du fumier et des résidus qui peuvent s'y amasser.

Des essais seront faits sur les pièces à grandes gondoles, sur celles offrant les inclinaisons moyennes des coteaux que l'on peut néanmoins labourer sans difficulté. Je n'ai guère que 1 hectare 50 ares à pente suffisamment rapide pour étudier le fonctionnement des appareils dans cette situation ; mais il est évident que la marche de toute machine est toujours mieux assurée en plaine. Néanmoins, à la seule inspection de ces appareils, on comprend qu'avec un peu plus d'attention et de l'habitude, on puisse parvenir aisément à les bien faire fonctionner sur des coteaux où les labours s'exécutent dans les conditions ordinaires d'un bon travail.

Par rapport à la propreté des terres et à la bonne tenue des blés au milieu des mauvaises herbes, deux séries d'expériences doivent être effectuées : 1º sur une pièce propre et où l'on ne croit pas que doivent se développer, du moins d'une manière nuisible, les mauvaises herbes ; 2º sur une pièce sale qui devrait être soumise à une année ou deux de nettoyage par jachère, plante sarclée ou fourrage.

Chacune de ces deux pièces, traitée d'ailleurs de la même manière au point de vue de la fumure, soit par le fumier ordinaire, soit par les engrais chimiques, sera divisée en trois parties égales : 1re partie, épandage de la semence à la volée par la méthode ordinaire ; 2me partie, semence distribuée en lignes espacées de 15 centimètres par le semoir Garrett ; 3me partie, recevra la semence en lignes espacées de 50 centimètres par le semoir Garrett, et sera sarclée par la houe Garrett.

Comme dans toutes mes expériences, les phases par lesquelles passeront les récoltes d'essai dans ces diverses conditions, seront enregistrées et les resultats *traduits en chiffres* résultant de pesées effectuées *sous mes yeux*.

Si le succès vient donner gain de cause aux nouveaux procédés, la récolte en céréales ayant toujours le cours le plus élevé, *le blé*, peut devenir une récolte exclusive sur une même pièce pendant des périodes indéfinies, avec la sûreté des forts rendements basée sur le système des engrais chimiques. Le blé pourra ainsi se préparer lui-même ; il devient *plante sarclée* par l'usage de la houe Garrett, et suivant la nature et l'état de propreté du terrain, on le sèmera en lignes espacées de 50 ou de 15 centimètres : on le sarclera ou on le laissera se développer, sans plus s'en occuper que s'il était semé à la volée, sachant que l'aération obtenue par ce procédé favorise sa végétation et lui donne la consistance nécessaire pour résister à la verse, ce fléau des céréales.

CONCLUSION.

Je ne saurais assez le répéter, une pareille transformation, si en dehors des règles en vigueur, ne doit pas me conduire à une méthode absolue de laquelle je ne puisse pas me départir. Une foule de circonstances, qu'il n'est pas possible de prévoir, peuvent venir apporter des modifications importantes dans les résolutions concernant l'agriculture, et il faudrait renoncer aux axiomes du sens commun pour n'en pas tenir compte.

Je ne me dissimule pas que je suis dans l'exagération, et si quelque chose peut me pousser à cette déclaration, après avoir nettement déterminé les circonstances particulières dans lesquelles je me suis renfermé, ce n'est pas la crainte d'être imité. Quoi qu'il arrive, et quelque restreinte que puisse paraître l'application que je vais tenter, il y a le fait du travail et de la recherche qui n'est pas sans quelque satisfaction.

« Vous savez... je sais aussi, dit Candide, qu'il faut cul-
« tiver notre jardin. — Vous avez raison, dit Pangloss : car,
« quand l'homme fut mis dans le jardin d'Eden, il y fut
« mis *ut operaretur eum*, pour qu'il travaillât : ce qui prouve
« que l'homme n'est pas né pour le repos. — Travaillons
« sans raisonner, dit Martin, c'est le seul moyen de rendre
« la vie supportable.

« Toute la petite société entra dans ce louable dessein,
« chacun se mit à exercer ses talents. La petite terre rap-
« porta beaacoup......

.   .   .   .

« Et Pangloss disait quelquefois à Candide : — Tous les
« événements sont enchaînés dans le meilleur des mondes
« possibles : car, enfin, si vous n'aviez été.....

.   .   .   .

« — Cela est bien dit, répondit Candide, mais il faut
« cultiver notre jardin. »

COMPLÉMENT

Circulaire de M. le Ministre de l'agriculture.

M. le Ministre de l'agriculture a adressé, dans le courant du mois de mars 1869, aux établissements agricoles divers ressortant de son département, la circulaire suivante :

Monsieur,

Vous n'ignorez pas que des expériences sont poursuivies, depuis plusieurs années, pour connaître exactement la nature des agents de fertilité auxquels on peut recourir pour suppléer à l'insuffisance notoire des ressources de l'agriculture en fumier.

La doctrine des engrais chimiques occupe une certaine place dans les préoccupations du monde agricole.

Sans vouloir préconiser tel système de culture de préférence à tel autre, l'Etat ne peut cependant rester indifférent en face des tentatives qui pourraient amener d'heureux résultats pour le bien public et la prospérité du pays. Sans préjuger en rien la place que l'avenir réserve à la doctrine des engrais chimiques, il me paraît désirable que les données fondamentales sur lesquelles elle repose soient soumises au contrôle de la pratique.

Un fait sur lequel les opinions semblent unanimes, quelque réserve que l'on puisse faire à l'égard des avantages économiques qu'il est permis d'en attendre, c'est que les divers agents qui les composent exercent une influence très inégale sur les végétaux, suivant leur nature. La constation de ces contrastes présente, au point de vue de l'enseignement, un intérêt qu'il est impossible de méconnaître.

Il serait donc utile que les fermes écoles, sans se jeter dans des expérimentations étendues, dont les résultats pourraient être incertains et onéreux, ne restassent pas cependant étrangères à un mouvement qui préoccupe l'opinion, et dont les conséquences sont appelées à devenir considérables, si les essais auxquels on se livre de toutes parts devaient consacrer les notions nouvelles auxquelles ils se rattachent.

Dans cette occasion, je désirerais que les fermes-écoles s'associassent, dès cette année, au mouvement général dont je viens de parler, par des essais restreints dont il faut laisser l'avenir régler le développement.

Pour cette année, il suffirait d'un petit champ d'expériences comprenant cinq parcelles de 4 are pour l'établissement duquel je vous remets une instruction spéciale à laquelle je vous prie de référer. Je pense qu'entrant dans les vues du gouvernement, vous voudrez bien vous charger de faire exécuter ces essais. Je vous ferez parvenir, tout préparés, les engrais chimiques qui vous seront nécessaires.

Vu l'époque avancée de la saison, il est nécessaire de se hâter pour que les expériences soient instituées dans de bonnes conditions.

Je vous serez obligé de m'adresser un premier rapport, lorsque la levée des semences sera complète, et un autre rapport plus détaillé à l'époque des récoltes pour m'indiquer les rendements.

Sans rien préjuger des essais auxquels je vous convie, vous ne pouvez manquer d'en apprécier l'importance ; c'est pourquoi j'espère que vous voudrez bien accepter ma proposition, et que vous vous ferez un devoir d'exécuter ces expériences avec le soin que réclame ce genre d'opération.

Recevez, monsieur, etc.

E. GRESSIER.

Circulaire de M. le Ministre de l'Instruction publique.

Dans une circulaire aux préfets, le Ministre de l'instruction publique, se ralliant à l'opinion de son collègue, ajoute à son tour :

Les instituteurs de l'arrondissement de Thionville, donnant à cet égard un excellent exemple, ont fait sur les engrais chimiques, une quarantaine d'expériences qui ont fixé l'attention du Comice de cet arrondissement.

Un document rescent, publié par les soins de ce Comice, constate que 1200 kilogr. d'engrais chimique, du prix de 360 fr., ont produit en moyenne 54,222 kilogr. de betteraves à l'hectare, alors que 72,000 kilogr. de fumier ordinaire estimés aussi 360 fr. (5 fr. les 1,000 kilog. !), n'en ont produit que 48,888.

Ce qu'ont fait les instituteurs primaires de l'arrondissement de Thionville, ajoute le Ministre, d'autres peuvent le tenter.

Et c'est ainsi qu'il a été amené à proscrire l'annexion d'un petit champ d'expériences à toutes les écoles primaires de l'Empire.

L'ouvrage de M. Georges Ville, ayant pour titre l'*École des Engrais chimiques*, spécialement destiné à populariser l'application des engrais chimiques, est devenu l'auxiliaire indispensable de toutes les écoles.

MINISTÈRE DE L'AGRICULTURE, DU COMMERCE ET DES TRAVAUX PUBLICS.

DIRECTION DE L'AGRICULTURE.

2e Bureau.

Fermes - Écoles.

Champ d'expériences comprenant cinq parcelles de 1 are.

Le champ sera cultivé deux années de suite, en betteraves ou en pommes de terre. On renouvellera chaque année l'engrais : on devra autant que possible l'établir sur un terrain qui n'ait pas été fumé depuis plusieurs années.

Les cinq parcelles seront placées sur le même front comme l'indique le plan ci-dessous.

<table>
<tr><td>1</td><td>2</td><td>3</td><td>4</td><td>5</td></tr>
</table>

Les diverses parcelles seront séparées par un chemin de 1 mètre, et le petit champ, entouré lui-même d'un chemin de circonvallation de 2 mètres, pour en favoriser l'accès aux élèves et aux visiteurs.

La manière d'employer les engrais chimiques est très simple, on les mêle avec deux ou trois fois leur volume de terre fine et sèche, et on les répand à la surface de la terre immédiatement après le dernier labour qu'il convient de donner à la bêche, vu l'exiguité des surfaces ; on les mêle enfin aux couches superficielles du sol à l'aide d'un râteau à dents longues et écartées.

Voici les engrais qui seront employés :

Nos 1. Fumier de ferme.............. 600 kil.
    2. Engrais complet.............. 12
    3. Engrais minéral.............. 10
    4. Matière azotée.............. 4
    5. Terre sans aucun engrais....... »

Vu l'époque avancée de la saison, il est nécessaire de se hâter si l'on veut que les expériences soient instituées dans de bonnes conditions.

Vous voudrez bien m'adresser un premier rapport, lorsque les semences seront levées, pour m'indiquer l'état des champs, et un deuxième rapport au moment des récoltes, pour m'indiquer les rendements.

ECOLES D'AGRICULTURE.

Instruction pour l'établissement du champ d'expériences en parcelles de 10 ares pour l'analyse du sol.

Lorsqu'un champ d'expériences a pour destination la recherche des éléments utiles que le sol contient, il doit se composer d'au moins 10 parcelles.

Dans une exploitation de quelque importance, on fera sagement d'en établir plusieurs. L'un, que j'appellerai le champ principal, devra comprendre toutes les plantes qui entrent dans l'assolement.

Le choix de l'emplacement est une condition de grande importance : il faut, autant que possible, choisir une pièce de terre qui, par son exposition, sa nature et son degré de fertilité, représente la qualité moyenne du sol de l'expérience.

Voici l'indication exacte des fumures, auxquelles chaque parcelle sera soumise :

Froment n° 1. Fumier, 60,000 kilogr. à l'hectare.
    —   2.   —   30,000 kilogr. à l'hectare.
    —   3. Engrais complet intensif.
    —   4.   —   complet.

Froment n°s 5. Engrais sans matière azotée.
— 6. — sans phosphate de chaux.
— 7. — sans potasse.
— 8. — sans chaux.
— 9. — sans minéraux.
— 10. Terre sans aucun engrais.

La manière d'employer les engrais chimiques est très simple : on les mêle avec deux ou trois fois leur poids de terre fine et sèche, et on les répand à la surface de la terre comme s'il s'agissait d'un semis à la volée ; on les incorpore à la couche superficielle à l'aide d'un râteau à dents longues et espacées.

La manière d'employer l'engrais intensif est un peu différente. On répand un tiers de l'engrais à la bêche avant de labourer la terre, et on l'enterre par le labour. Les deux tiers restants sont répandus à la surface à la manière ordinaire.

Pour qu'un champ d'expériences fournisse des indications vraiment utiles sur l'état du sol, il faut que la terre n'ait pas reçu de fumier depuis plusieurs années : autrement les rendements des diverses parcelles se rapprochent au point de se confondre. Mais ce cas n'est pas moins instructif que le premier : il prouve, en effet, que le sol est pourvu de tous les termes de l'engrais complet.

Au point de vue de la pratique, cette indication a une importance capitale. Elle nous apprend, que dans un tel sol, on peut recourir temporairement à des engrais incomplets, et procéder par fumure alternante, en se bornant aux seules dominantes, ce qui permet d'obtenir le maximum de produit avec la plus faible dépense.

MINISTÈRE DE L'INSTRUCTION PRIMAIRE.

—

DIRECTION DE L'ENSEIGNEMENT PRIMAIRE.

—

Instructions relatives aux champs d'expériences des écoles primaires, établis à l'automne de 1869.

Un champ d'expériences exige la disposition d'une surface de trois ares. Il faut l'établir, autant que possible, sur un terrain qui n'ait pas été fumé depuis plusieurs années.

Le champ doit être disposé en cinq parcelles d'un demi-are chacune, placées sur le même front, comme l'indique le plan ci-dessous :

1	2	3	4	5

Les diverses parcelles seront séparées par un chemin de 1 mètre de large et le champ tout entier entouré d'un chemin de circonvallation de 2 mètres, pour en favoriser l'accès aux élèves et aux visiteurs.

La manière d'employer les engrais chimiques est très simple : on les mêle avec deux ou trois fois leur volume de terre fine et sèche, et on les répand à la surface de la terre immédiatement après le dernier labour qu'il convient de donner à la bêche, vu l'exiguité des surfaces : on les mêle enfin aux couches superficielles du sol à l'aide d'un râteau à dents longues et écartées.

Voici les engrais qui seront employés sur les cinq parcelles consacrées à l'expérience :

Terrain nos	1. Fumier de ferme	300 k.	soit 60,000 k. à l'h.
—	2. Engrais complet	6	— 1,000 —
—	3. Engrais minéral	5	— 1,000 —
—	4. Matière azotée	2	— 400 —
—	5. Terre sans aucun engrais.		

Le champ sera cultivé cette année (1869-70) en froment, et l'année prochaine (1870-71) en pommes de terre ou maïs, suivant les régions.

MM. les instituteurs devront adresser un premier rapport au Ministre de l'instruction publique, lorsque les semences seront levées, pour lui faire connaître les rendements obtenus.

Les engrais destinés à toute la circonscription seront adressés à M. le Préfet.

Un avis spécial fera connaître la date de cet envoi, afin qu'on puisse réclamer les engrais en temps voulu pour opérer dans de bonnes conditions.

———

MINISTÈRE DE L'INSTRUCTION PRIMAIRE.

—

DIRECTION DE L'ENSEIGNEMENT PRIMAIRE.

—

Instructions relatives aux champs d'expériences des écoles normales, établis au printemps de 1869.

Aux termes de mon instruction du 22 mars, votre champ d'expériences doit se composer de dix parcelles séparées, ayant reçu les engrais suivants :

Parcelles n°	1.	Fumier, 60,000 kilogr. par hectare.
—	2.	— 30,000 —
—	3.	Engrais complet intensif.
—	4.	— complet.
—	5.	— sans matière azotée.
—	6.	— sans phosphate de chaux.
—	7.	— sans potasse.
—	8.	— sans chaux.
—	9.	— sans minéraux.
—	10.	Terre sans aucun engrais.

Lorsque le moment sera venu de faire la récolte, on mettra à part le produit de chaque parcelle, dont on prendra très exactement le poids.

Le relevé des dix récoltes sera immédiatement adressé au Ministre de l'instruction publique.

Une fois la récolte faite, toutes les parcelles seront labourées à la bêche et, plus tard, semées toutes en blé d'hiver.

Les parcelles nos 1, 2, 3, 5 et 10, ne recevront pas de nouvel engrais.

Les parcelles nos 4, 6, 7, 8, 9, recevront 3 kilogr. de sulfate d'ammoniaque : 2 kilogr. à l'automne avant de semer, 1 kilogr. au printemps, du 15 au 30 mars, répandu de préférence sur les parties du froment les plus faibles.

On recevra vers la mi-août le sulfate d'ammoniaque nécessaire.

Les 2 kilogr. qui doivent être employés à l'automne seront répandus, comme on a fait pour les engrais de la première expérience. On le mêlera avec deux ou trois fois son poids de terre et on distribuera bien également à la surface de la terre un jour ou deux avant de semer.

Le troisième kilogramme, tenu en réserve jusqu'au printemps, sera répandu en couverture sur la plante même, après avoir été mêlé à deux fois son poids de terre fine et sèche. La seule précaution à prendre, c'est d'opérer par un temps calme et sec, afin que le sulfate d'ammoniaque ne s'attache pas aux feuilles.

On voudra bien adresser un rapport sommaire au Ministre de l'instruction publique sur l'état du champ, dès que les graines auront levé.

On avait d'abord eu la pensée de faire cultiver deux années de suite les champs d'expériences en pommes de terre, betteraves ou maïs, mais la commission chargée de centraliser les résultats a été d'avis de faire alterner ces cultures avec le froment.

MINISTÈRE DE L'INSTRUCTION PRIMAIRE.

—

DIRECTION DE L'ENSEIGNEMENT PRIMAIRE

—

Instructions relatives aux champs d'expériences des écoles primaires, établis au printemps de 1869.

Aux termes de ma première instruction du 22 mars, votre champ d'expériences doit se composer de cinq parcelles d'un demi-are chacune, ayant reçu les engrais suivants :

Terrain nos 1. Fumier de ferme....... 300 k. soit 60,000 k. à l'h.
— 2. Engrais complet........ 6 — 1,200 —
— 3. Engrais minéral........ 5 — 1,000 —
— 4. Matière azotée... ...... 2 — 400 —
— 5. Terre sans aucun engrais.

Lorsque le moment sera venu de faire la récolte, on mettra à part le produit de chaque parcelle, et on en prendra très exactement le poids.

Le résultat de cette première expérience devra m'être immédiatement communiqué.

Une fois la récolte faite, toutes les parcelles seront labourées à la bêche et, plus tard, semées toutes en blé d'hiver.

Les parcelles nos 1, 3, 5, ne recevront pas de nouvel engrais : mais les parcelles nos 2 et 4 recevront 1 kilogr. 500 gr. de sulfate d'ammoniaque : 1 kilogr. à l'automne avant de semer, et 500 gr. au printemps, du 15 au 30 mars, répandus de préférence sur les parties du froment les plus faibles.

Vous recevrez vers la mi-août le sulfate d'ammoniaque nécessaire.

A l'automne, on procédera à l'épandage du sulfate d'ammoniaque comme on l'a fait pour les engrais de la première expérience ; on le mêlera avec deux ou trois fois son poids de terre, et on le distribuera à la surface de la terre un jour ou deux avant de semer.

Les 500 grammes réservés pour le printemps seront répandus en couverture sur les plantes mêmes, après avoir été mêlés aussi à deux fois leur poids de terre fine et sèche. La seule précaution à prendre, c'est d'opérer par un temps calme et sec, afin que le sulfate d'ammoniaque ne s'attache pas aux feuilles.

On voudra bien adresser au Ministre de l'instruction publique un rapport sommaire sur l'état du champ dès que les graines auront levé.

———————

POST-SCRIPTUM.

———

Le 9 décembre 1869

J'ai effectué ponctuellement les semailles telles que je les ai décrites dans la deuxième partie de cet opuscule ; commencées le 16 octobre, la dernière poignée de blé a été jetée le 24 novembre. De mémoire d'homme, on n'avait opéré dans des conditions d'une sécheresse aussi absolue et dont encore nous ne pouvons prévoir la fin. Depuis la première semaine de septembre, il n'est tombé que quelques pluies insignifiantes qui sont loin de suffire pour la levée rapide des céréales dans les parties compactes où un émottage long et pénible a été nécessaire. Malgré ces difficultés qui ont prolongé les travaux de quelques journées, mon plan est réalisé, et je jouis de l'agréable aspect d'un champ de blé parfaitement préparé d'environ 26 hectares.

L'état actuel de mes deux sainfoins me forçant à les défricher l'année prochaine, ce que je ferai après la deuxième coupe, je suis résolu à pousser les conséquences de la nouvelle méthode jusqu'aux dernières limites, en affermant sur pied 4 à 5 hectares de sainfoin dans une propriété voisine et en consacrant la totalité des terres labourables (30 hectares) au blé. Sur ces 30 hectares, 12 porteront du blé sans relâche pour la troisième fois, 14 pour la deuxième fois, et 4 sur défrichement de sainfoin. Pour ce dernier cas, afin d'atténuer les effets de la verse, 400 kilogr. d'engrais incomplet n° 2 (minéral) seront répandus par hectare pour contre-balancer l'excès d'azote.

Le semoir d'engrais a parfaitement fonctionné dans toutes les conditions auxquelles il a été soumis, aussi bien sur un coteau à très forte inclinaison qu'en plaine.

Mêmes résultats pour le semoir des céréales en lignes. Je peux déjà constater que les lignes de blé étaient espacées de 15 centimètres ; il suffit de régler l'instrument à 132 litres par hectare au lieu de 175 litres que je répandais à la volée ; c'est donc pour 30 hectares une économie de près de 13 hectolitres qui vaut bien qu'on en tienne compte. Le jeu des coutres est tel que le blé, déposé à la profondeur la plus convenable, n'est recouvert que de terre pulvérulente ; aussi pas un grain ne se perd et la levée s'opère d'une manière plus uniforme et plus rapide.

Même dans les parties que j'ai laissées à dessein sans émottage, ces bons effets se sont parfaitement manifestés. — La houe Garret que j'ai reçue, superbe machine destinée à sarcler les blés en lignes espacées de 50 centimètres, sera soumise aux premiers essais dès que les racines auront pris assez de force pour qu'on puisse pénétrer sans danger dans les champs réservés à cette intéressant travail. La manœuvre de cet appareil est si simple et semble si bien répondre aux exigences qu'elle doit satisfaire, que je ne peux que bien augurer de son fonctionnement.

TABLE DES MATIÈRES

PREMIÈRE PARTIE.

RÉSULTATS DE LA CAMPAGNE DE 1869

AU MOYEN DES ENGRAIS CHIMIQUES.

I.

II.

III.

IV.

V.

VI.

VII.

VIII.

IX.

X.

XI.

XII.

SECONDE PARTIE.

RAPIDE TRANSFORMATION DU DOMAINE

PAR LE SYSTÈME GEORGES VILLE.

I.

II.

III.

IV.

V.

VI.

—

FIN DE LA TABLE DES MATIÈRES

Toulouse. — Typogr. L. HÉBRAIL, DURAND et Cᵉ, rue de la Pomme, 5.

Toulouse. — Typ. Hébrail, Durand et Cᵉ.